Σ BEST
シグマベスト

高校 やさしく
わかりやすい
物理基礎

桑子 研 著

文英堂

この本の特色と使い方

　この本は，物理基礎の内容を基礎の基礎からやさしくわかりやすく解説しています。重要事項の説明と例題を中心に，物理基礎の知識がしっかり身につくようなつくりにしました。

　ひとつの単元の解説部分は，基本的に2ページにまとめていますので，勉強したいところから始めることができます。

　また，それぞれの単元の最後にはやさしい練習問題をつけました。答えと解説をすぐ後ろのページにのせたので，まず解いてみてから，解き方を確認しましょう。

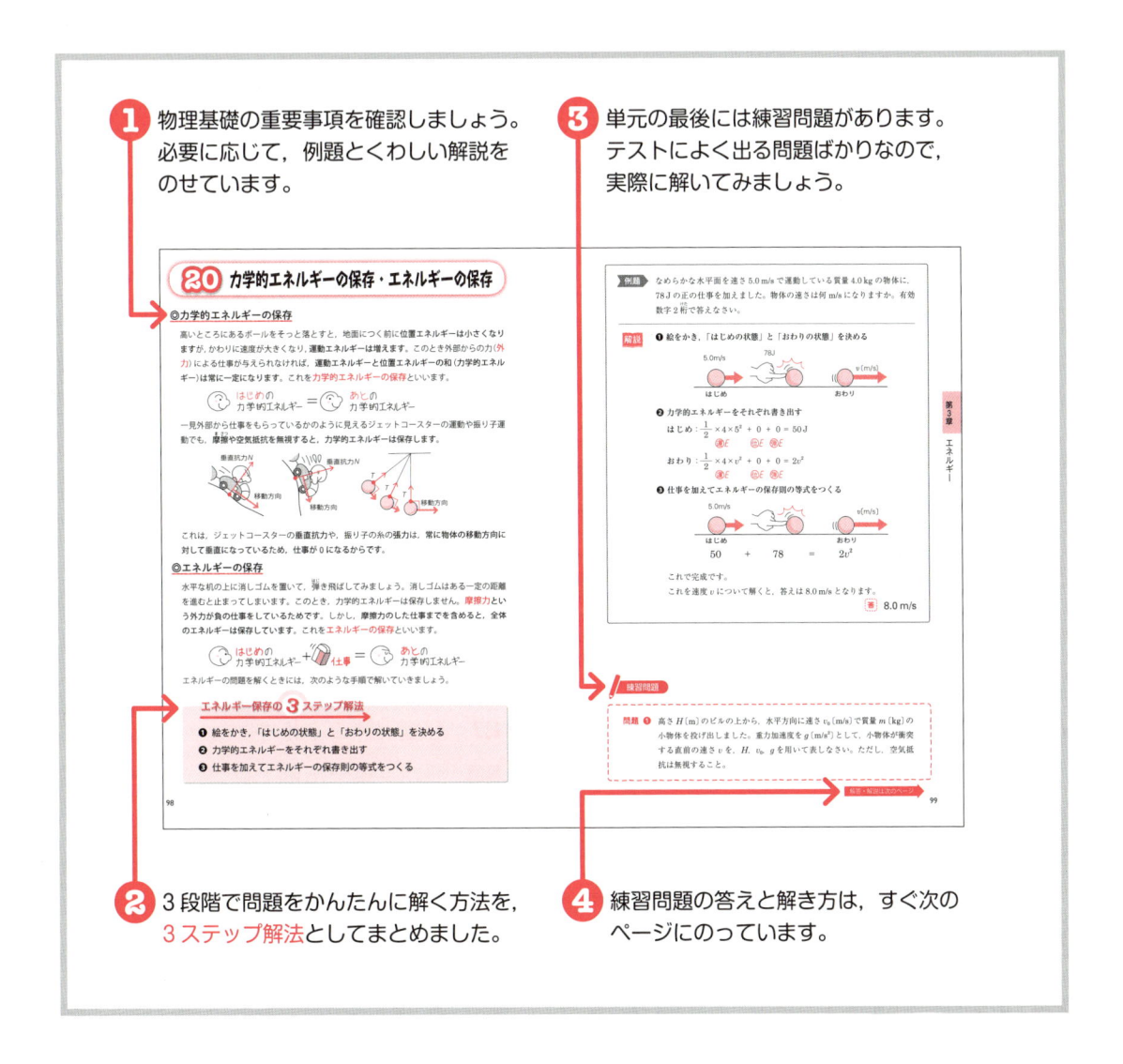

❶ 物理基礎の重要事項を確認しましょう。必要に応じて，例題とくわしい解説をのせています。

❸ 単元の最後には練習問題があります。テストによく出る問題ばかりなので，実際に解いてみましょう。

❷ 3段階で問題をかんたんに解く方法を，3ステップ解法としてまとめました。

❹ 練習問題の答えと解き方は，すぐ次のページにのっています。

　一部の分野には，応用問題をつけました。応用問題の解き方もくわしく解説しているので，気軽にチャレンジしましょう。

もくじ

第1章 物体の運動

1 速度の公式の使い方   4
2 速さと x-t グラフ   8
3 v-t グラフと a-t グラフ   12
- 応用問題
  〈v-t グラフの使い方〉   17
4 単位換算と有効数字   24
5 合成速度と相対速度   28
6 等加速度直線運動の3公式   32
7 落下運動   36
8 鉛直投げ上げ運動   40

第2章 力と運動

9 力のつり合い   46
10 力の種類   50
11 力の見つけ方   54
12 使いこなす！運動方程式   58
13 運動方程式の応用① 力の分解   62
14 運動方程式の応用② 斜面上の運動   66
15 運動方程式の応用③ 2物体の運動   70
16 摩擦力の種類   74
17 圧力と浮力   78
- 応用問題〈運動方程式〉   85

第3章 エネルギー

18 仕事と仕事の原理   90
19 エネルギーとその種類   94
20 力学的エネルギーの保存・エネルギーの保存   98
- 応用問題〈エネルギーの保存(1)〉   101
- 応用問題〈エネルギーの保存(2)〉   109
21 温度と熱エネルギー   116
22 熱力学第一法則   120

第4章 波動

23 波の基礎知識   124
24 横波と縦波   130
25 波の反射   136
26 定常波   140
27 音波   144
28 気柱の共鳴   148
- 応用問題〈気柱の共鳴〉   153

第5章 電気

- **29** 静電気と自由電子　158
- **30** オームの法則　162
- **31** 直列接続と並列接続　166
- **32** 電流と磁場　176
- **33** 電流が磁場から受ける力　180
- **34** 電磁誘導① 電磁誘導と発電　184
- **35** 電磁誘導② 交流の変圧と電磁波　188
- **36** エネルギーとその利用　192

付録

- 時間のない式を使った解き方　196
- 三角関数について　197
- 糸の法則　198
- 水圧の公式の導き方　199
- 浮力の公式の導き方　200
- 重要定数表　201
- 国際単位系(SI)の単位など　202

おもな公式　204
さくいん　206

3 ステップ解法

相対速度	28	熱量保存	117
等加速度直線運動	32	縦波	132
力の見つけ方	54	反射波	136
力と運動	58	共鳴	149
ベクトルの分解	62	電気回路	167
エネルギー保存	98		

1 速度の公式の使い方

◎速度の公式

次の表は，あるボールをころがしたときの，4秒ごとの位置を示しています。

時間 t	0秒	4秒	8秒	12秒
位置 x	0 m	2 m	4 m	? m

実際にどんな動きをしたのかを，横軸を位置 x にした図にまとめてみましょう。

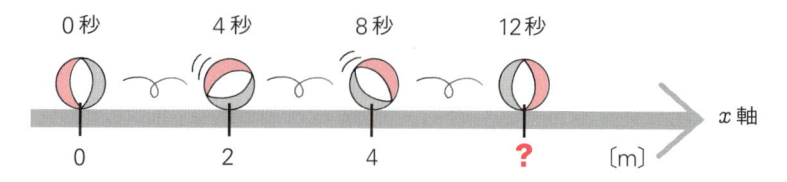

? の位置を求めるために，ボールの速さを考えてみます。
速さとは1秒(s)あたりに物体が進む距離[m]のことで，速度の式で計算できます。

$$\text{速度の式} \quad v = \frac{x}{t} \text{[m/s]} \quad \text{速度[m/s]} = \text{距離[m]} \div \text{時間[s]}$$

「速さ」と「速度」の使い分けについては，p.8でくわしく説明します。
この公式の x は「距離の箱」，t は「時間の箱」と考えてください。
物体は $t = 4$ s で $x = 2$ m 動いたので，その速さは，

$$v = \frac{x}{t} = \frac{2}{4}$$

となり，これを計算すると 0.5 m/s になります。
では，表の「**?**」の位置，12秒後の物体の位置はどう考えればいいのでしょうか。
速度の式を距離 x について解けばいいのです。両辺に t をかけてください。

$$t \times v = \frac{x}{t} \times t$$

すると $x = vt$ となります。さて，速度 v に 0.5 m/s を，時間 t に 12 秒を代入しましょう。

$$x = vt = 0.5 \times 12 = 6 \text{ m}$$

このように，答えは 6 m となります。

◎物理の約束事

位置や距離を表す文字としては，x, y, z がよく使われます。また，時間は英語で time なので頭文字をとって t，速さや速度はその英語 velocity の v を使います。
このように，物理では英文字をあてて物理量を表すことが多いのです。

また，単位も大切です。同じ距離 x であっても，単位が cm か m かで大きなちがいがあるからです。そこで距離を表す文字に単位をつけて，x〔m〕や x〔cm〕と表します。

ただし基本的には，距離の単位には m（メートル），質量には kg（キログラム），時間には s（秒）を使うという決まりがあります。この3つの単位を，基本単位といいます。

また，基本単位を組み合わせた単位を組立単位といいます。
速度の単位は m/s を使いましたよね。実は，この m/s という単位のスラッシュ / は分数の線を示しています。これは，速度の式を見るとよくわかります。

$$v \,〔\text{m/s}〕 = \frac{x \,〔\text{m}〕}{t \,〔\text{s}〕}$$

m/s ⇨ $\dfrac{\text{m}}{\text{s}}$

このように，距離(m)を時間(s)でわっているので，m/s となるというわけです。

練習問題

問題 ❶ 直線距離で 18 km 離れた目的地に向かって，20 分かけて移動しました。このときの車の速さを求め，m/s で表しなさい。

問題 ❷ 一定の速さで x 軸上を正の向きに動いている車の位置を記録して，次の表にまとめました。表の空欄(A)，(B)にあてはまる数を求めなさい。

時間 t	0 s	4 s	12 s	(B) s
車の位置 x	10 m	30 m	(A) m	100 m

解答・解説は次のページ

練習問題 の解説

> **問題 ❶** 直線距離で 18 km 離れた目的地に向かって，20 分かけて移動しました。このときの車の速さを求め，m/s で表しなさい。

解説 $v = \dfrac{x}{t}$ に代入します。このとき，**単位をそれぞれ m，s に変換します**。

18 km は 18×1000 m です。また，1 分は 60 s なので，20 分は 20 × 60 s です。単位に気をつけて代入しましょう。

$$v = \frac{x}{t} = \frac{18000}{1200}$$

（分子：18 × 1000、分母：20 × 60）

これを計算すると，15 m/s となります。　　**答** **15 m/s**

> **問題 ❷** 一定の速さで x 軸上を正の向きに動いている車の位置を記録して，次の表にまとめました。表の空欄 (A)，(B) にあてはまる数を求めなさい。
>
> | 時間 t | 0 s | 4 s | 12 s | (B) s |
> |---|---|---|---|---|
> | 車の位置 x | 10 m | 30 m | (A) m | 100 m |

解説 車の運動のようすを表から x 軸上に表してみましょう。**必ず絵をかきながら解いていくことがポイント**です。

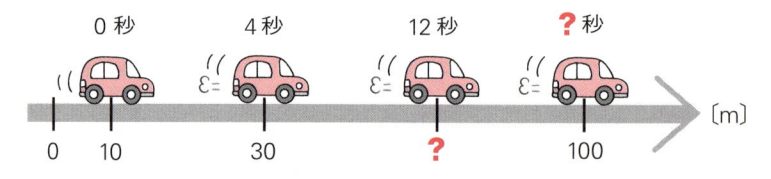

（0秒：10 m、4秒：30 m、12秒：?、?秒：100 m）

この問題で重要なのは，0 s のとき車は原点におらず，原点から 10 m 先の場所にいるということです。**はじめにいる場所**（この場合は $x = 10$ m）**を初期位置**といいます。

まず，速さを求めてみましょう。表から，4 秒間に 30 − 10 = 20 m 動いたことがわかります。このことを**速度の式**に代入すると，

$$v = \frac{x}{t} = \frac{20}{4} = 5 \text{ m/s}$$

速さは 5 m/s だとわかります。

1 速度の公式の使い方

それでは 12 s のときに，どこにいるのかを計算してみましょう。
速度の式を距離 x について解くと，

$$x = vt$$

となります。

これは小学生のときに学習した，**道のり＝速さ×時間**にほかなりません。
v に 5 m/s を，t に 12 s を代入すると，

$$x = 5 \times 12 = 60 \text{ m}$$

となり，60 m 移動したことがわかります。

おっと，答えは 60 m ではありませんよ。この 60 m というのは，**はじめにいた場所（初期位置）からの移動距離**を示します。つまり，12 秒後の位置は，60 m とはじめの地点 10 m を足した，70 m となります。

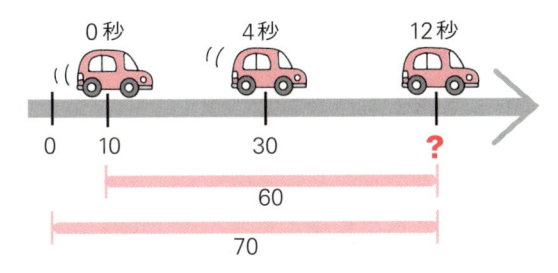

(A) の 答 **70**

次に，$x = 100$ m の位置に到達する時間を求めましょう。
はじめの地点 $x = 10$ m から 90 m 移動すると $x = 100$ m となります。よって，**速度の式を t を求める式に直して**，移動距離 90 m と，速さ 5 m/s を代入します。

$$t = \frac{x}{v} = \frac{90}{5} = 18 \text{ s}$$

答えは 18 秒です。

(B) の 答 **18**

2 速さと x-t グラフ

◎速さと速度

物理では，実は「速さ」と「速度」という言葉を使い分けています。

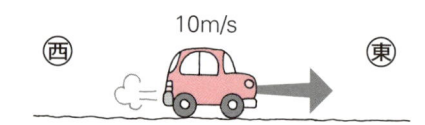

速さは「大きさ」のみで表せますが，速度には「大きさ」と「向き」という2つの要素があります。たとえば車が東向きに 10 m/s で走っているとき，車の速さは「10 m/s」です。対して，車の速度は「東向きに 10 m/s」となります。

速度のように大きさと向きをもつ量をベクトルといい，ふつう矢印で表します。一直線上の運動では，値の正負で向きを表すこともできます。

たとえば，右の図のように車が動いていた場合，車の速度を答えるときには x 軸に対して逆向きなので「−5 m/s」と答えるか，または言葉で「x 軸負の向きに 5 m/s」と答えます。

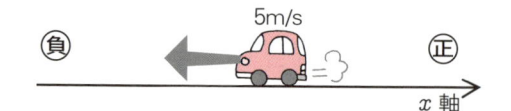

◎ x-t グラフと速さの関係

2匹のてんとう虫①，②の位置 x を1秒ごとに記録したところ，次のようになりました。

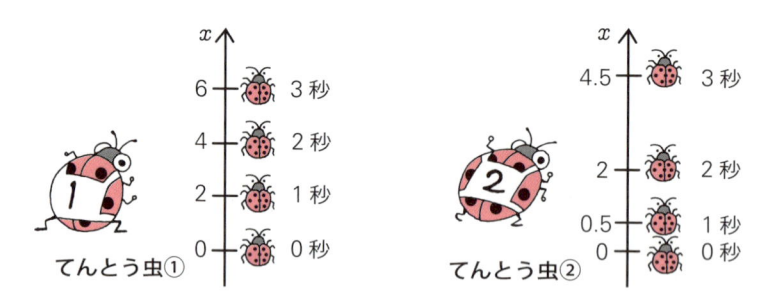

このグラフの横軸に時間軸をとって，てんとう虫の動きを時間 t と位置 x の関係で表したグラフを x-t グラフといいます。x-t グラフは，時間 t にてんとう虫がどの位置 x にいたのかを示します。

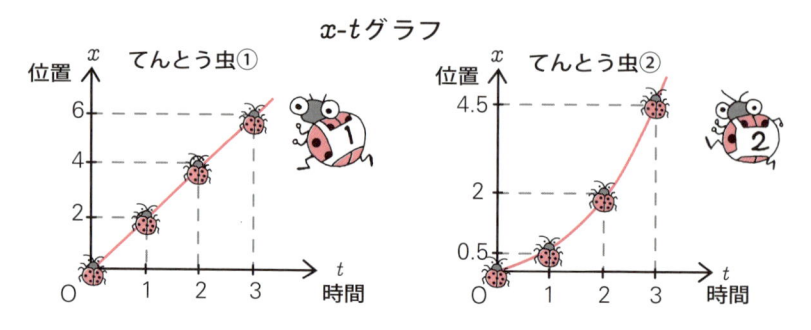

x-t グラフ

次の図のように，1秒あたりに進む距離に注目したものが**速さ**です。

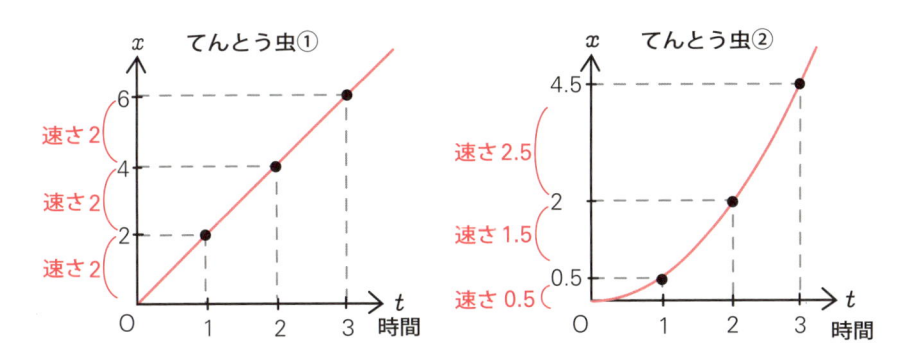

[てんとう虫① のグラフ: x-t グラフ、直線、点(1,2),(2,4),(3,6)、各区間の速さ2]

[てんとう虫② のグラフ: x-t グラフ、曲線、点(1,0.5),(2,2),(3,4.5)、速さ0.5, 1.5, 2.5]

てんとう虫①のグラフでは速さの変化がありませんが，てんとう虫②のグラフではじょじょに速さが増していることがわかります。

グラフの傾きは，x が1増えるときに y がどれだけ増えるのかを示しています。このことと，速さの式との関係を見てください。

$$\text{グラフの傾き} = \frac{y \text{ の増加量}}{x \text{ の増加量}} \iff \text{速さ} = \frac{\text{距離 } x}{\text{時間 } t}$$

$$\Downarrow$$

$$\text{グラフの傾き！}$$

実は，x-t グラフの傾きが速さを示しています。x-t グラフでは，**グラフの傾きを見ていくことが1つのポイント**になります。

練習問題

問題 ❶ 10 m/s の一定の速さで，x 軸上を負の向きに走っている車があります。この車が $t = 0$ s に $x = 10$ m の地点を通過しました。$t = 11$ s のときには，車はどの地点にいますか。

問題 ❷ 次の x-t グラフで示されるように，等速で x 軸上を運動している車があります。この車の速度を求めなさい。また，この車が $t = 0$ から 235 秒後に到達する，x 軸上の位置を求めなさい。

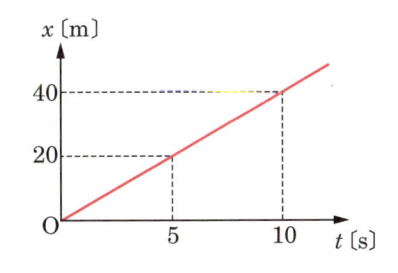

[x-t グラフ: 原点を通る直線、点(5, 20), (10, 40)]

解答・解説は次のページ

練習問題 の解説

問題 ① 10 m/s の一定の速さで，x 軸上を負の向きに走っている車があります。この車が $t = 0\,\text{s}$ に $x = 10\,\text{m}$ の地点を通過しました。$t = 11\,\text{s}$ のときには，車はどの地点にいますか。

解説 物理のポイントは，必ず絵をかきながら考えていくことにあります。
まず，次のような絵をかきましょう。

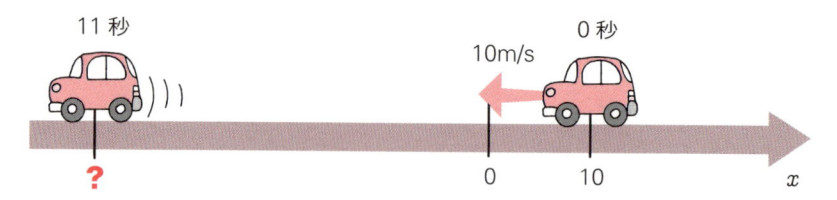

次に，車が 11 秒間でどのくらい動くのかを求めます。速度の式を x について展開しましょう。

$$v = \frac{x}{t}$$

$$x = vt$$

これに $v = 10\,\text{m/s}$，$t = 11\,\text{s}$ を代入して，移動距離を求めると $x = 110\,\text{m}$ となります。
答えは「110 かな？」と思いますが，ちがいます。答えは 110 m ではありません！

この 110 というのは，**車の移動した距離**を指しています。絵にかきこんで確認してみましょう。

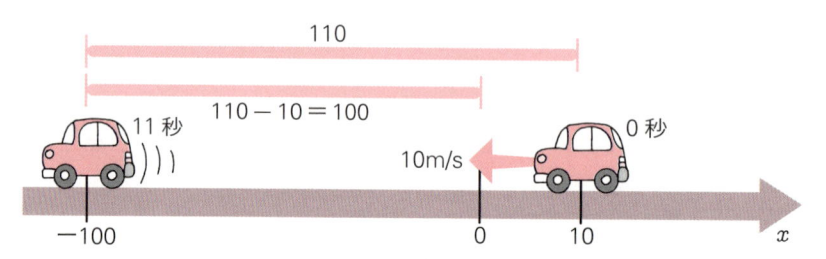

このように移動距離は 110 m ですが，**物体ははじめに 10 m の位置にいたので**，原点からの位置が $-100\,\text{m}$ の地点です。

答 $x = -100\,\text{m}$ の地点

2 速さと x-t グラフ

問題 ❷ 次の x-t グラフで示されるように、等速で x 軸上を運動している車があります。この車の速度を求めなさい。また、この車が t = 0 から 235 秒後に到達する、x 軸上の位置を求めなさい。

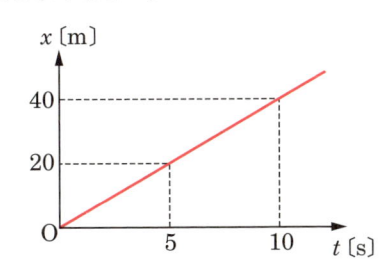

解説 グラフの傾きは速さを示していました。まず傾きから速さを求めてみましょう。

この車は $t = 0$ のときに原点($x = 0$)にいます。原点から $t = 5$ s で $x = 20$ m の場所まで移動したので、このときのグラフの傾きは、

$$傾き = \frac{x の増加量}{t の増加量} = \frac{20}{5} = 4 \text{ m/s}$$

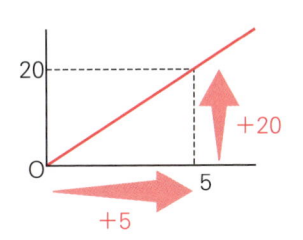

となります。

速さと速度という言葉のちがいに注意しましょう。今回は速さではなく、**速度**について聞かれているので、答えは「<u>x 軸の正の向きに 4 m/s</u>」と答えなければいけません。

次に、$t = 0$ から 235 秒後の物体の位置です。これは、**速度の式**に代入して求めましょう。速度の式を移動距離 x について整理した

$$x = vt$$

に、$v = 4$ m/s、$t = 235$ s を代入します。

$$x = vt = 4 \times 235 = 940 \text{ m}$$

答 速度：x 軸の正の向きに 4 m/s、位置：940 m

3 v-t グラフと a-t グラフ

◎平均の速度と瞬間の速度

p.8のてんとう虫②は，3秒で4.5だけ動いていました。この間の速さを計算すると，1.5となります。
実際には，てんとう虫②の x-t グラフは直線ではないので，速さが変化しています。では，いま計算した速さは何でしょうか。

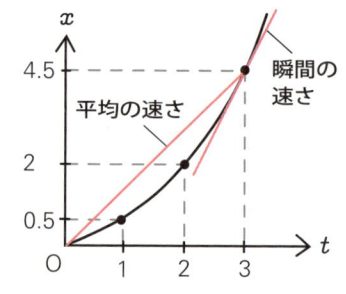

この速さは，0～3秒のとき同じ速さで進んだと考えたときのもの，つまり**平均の速さ**です。これは，x-t グラフの**割線**($t=0$sと$t=3$sの点を結んだ線分)の傾きで表されます。
いっぽう，$t=3$sの「瞬間」における速さを，**瞬間の速さ**といいます。これは，$t=3$sにおける x-t グラフの接線の傾きで表されます。
平均の速さ，瞬間の速さに向きを考えたものを**平均の速度**，**瞬間の速度**といいます。

◎ v-t グラフ

物体の**瞬間の速度の時間変化**を示したグラフが，**v-t グラフ**です。次の v-t グラフは，p.8のてんとう虫①とてんとう虫②それぞれの，速度と時間の関係を示しています。このグラフは，x-t グラフのいろいろな時間での接線の傾きを求めることでかくことができます。

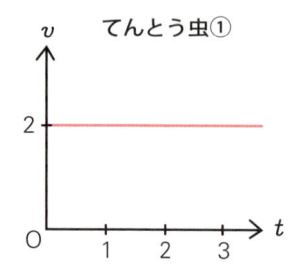

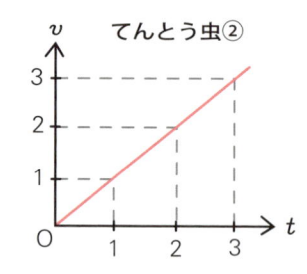

てんとう虫①の運動のように，**速度が一定**な運動を**等速度運動**といいます。

◎加速度

止まっている車が発進すると，速さが少しずつ増していくようすがわかります。
私たちは頭の中で，位置や速度のほかに，「速度の変化」についても処理をしています。
加速度 a [m/s²] とは，1秒あたりに速度 v [m/s] がどれくらい変化するのかを表す量です。

$$\text{加速度の式} \quad a = \frac{\Delta v}{\Delta t} \text{[m/s²]} \quad \text{加速度} = \frac{\text{速度の変化量}}{\text{時間の変化量}}$$

◎ a-t グラフ

「x-t グラフと速さの関係」と同様に，加速度 a は v-t グラフの傾きと一致します。

たとえば，てんとう虫①の加速度は，v-t グラフが傾いていないため 0 です。

てんとう虫②は v-t グラフが傾いており，1 秒あたりに 1 ずつ速度が増えているので，加速度はずっと 1 です。この**加速度の時間変化を示したグラフ**が，**a-t グラフ**です。

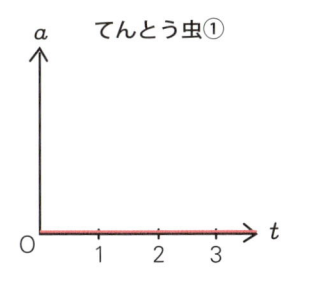

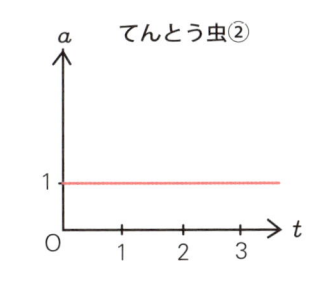

てんとう虫②の運動のように，加速度が一定な運動を**等加速度運動**といいます。

◎ v-t グラフと x-t グラフ

ある時間の v-t グラフの面積が，その時間の移動距離と対応します。

たとえば，てんとう虫①の v-t グラフでは，2 秒までの囲まれた部分の面積を計算すると 4 になります。これは，x-t グラフの 2 秒のところの移動距離 4 と対応しています。

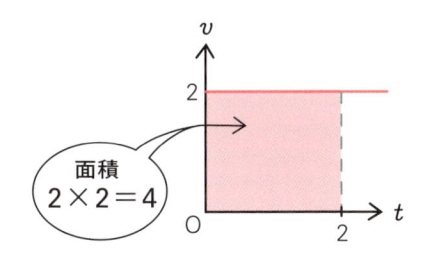

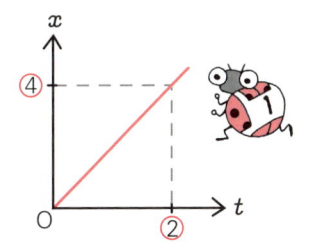

練習問題

問題 ① 時刻 0 s のときに 10 m/s で動いていた車が，この瞬間から一定の加速度で加速して，時刻 4 s に 24 m/s の速さになりました。
(1) このときの加速度の大きさを求めなさい。
(2) この間の v-t グラフを表しなさい。

問題 ② 次の運動を v-t グラフに表して，それぞれの問いに答えなさい。
(1) x 軸上の原点で止まっていた車が，正の方向に一定の加速度 3 m/s² で動きだしました。4 秒後の位置と，そのときの速さを求めなさい。
(2) ある車が x 軸上を正の方向に運動しています。原点を 10 m/s の速さで通過しました。この瞬間に一定の加速度 4 m/s² で車は加速をはじめました。5 秒後の位置と，そのときの速さを求めなさい。

解答・解説は次のページ

練習問題 の解説①

> **問題 ❶** 時刻 0 s のときに 10 m/s で動いていた車が，この瞬間から一定の加速度で加速して，時刻 4 s に 24 m/s の速さになりました。
> (1) このときの加速度の大きさを求めなさい。
> (2) この間の $v\text{-}t$ グラフを表しなさい。

解説 (1) **加速度の式**に，それぞれの値を代入してみましょう。4 秒間での速度の変化量は

$$24 - 10 = 14 \text{ m/s}$$

となることに注意しながら代入しましょう。

$$a = \frac{\Delta v}{\Delta t} = \frac{14}{4} = 3.5 \text{ m/s}^2$$

答 3.5 m/s^2

(2) 次に，このときの $v\text{-}t$ グラフをかいてみましょう。0 s のときに速さが 10 m/s であったことと，4 s のときに 24 m/s になったこと，また一定の加速度であったことから，下のようなグラフをかくことができます。

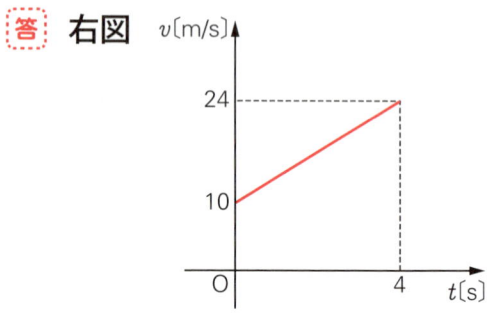

答 右図

ここで，$v\text{-}t$ グラフの傾きを求めてみてください。4 秒間で 14 m/s 変化したので，傾きは 3.5 となり，このときの加速度と一致していることがわかります。

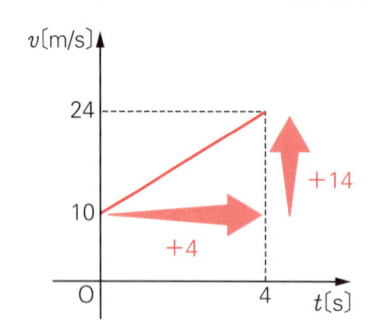

3 v-t グラフと a-t グラフ

> **問題 ❷** 次の運動を v-t グラフに表して，それぞれの問いに答えなさい。
> (1) x 軸上の原点で止まっていた車が，正の方向に一定の加速度 $3\,\mathrm{m/s^2}$ で動きだしました。4 秒後の位置と，そのときの速さを求めなさい。
> (2) ある車が x 軸上を正の方向に運動しています。原点を $10\,\mathrm{m/s}$ の速さで通過しました。この瞬間に一定の加速度 $4\,\mathrm{m/s^2}$ で車は加速をはじめました。5 秒後の位置と，そのときの速さを求めなさい。

解説 (1) まずは x 軸上に車の運動の様子を図にしてみましょう。

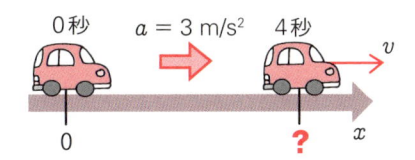

図の中には，**細い矢印で速度を，太い矢印で加速度**をかきます。この速度や加速度のかき方をおぼえておいてください。

それでは，これを v-t グラフにしてみましょう。

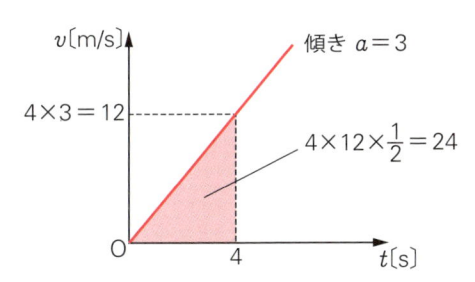

グラフの傾きは，加速度から「3」ということがわかります。そして傾きが 3 ということは，1 秒経過するごとに 3 m/s ずつ速さが増えていくということを示します。よって 4 秒後の速さは，

$$4 \times 3 = 12\,\mathrm{m/s}$$

となります。

また，4 秒後の位置については，この**三角形の面積**を計算すればよいので，

$$4 \times 12 \times \frac{1}{2} = 24\,\mathrm{m}$$

となります。

答 位置：24 m，速さ：12 m/s

練習問題 の解説②

(2) この様子を絵にすると，次のようになります。

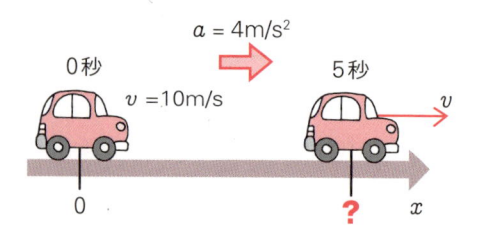

$a = 4\text{m/s}^2$

0秒　$v = 10\text{m/s}$　5秒　v

0　?　x

(1)の問題とのちがいは，車が**はじめから速度をもっている**ということです。
このときの速度を**初速度**といいます。
速度や加速度の矢印までしっかりと表せましたか？

それでは $v\text{-}t$ グラフに表してみましょう。

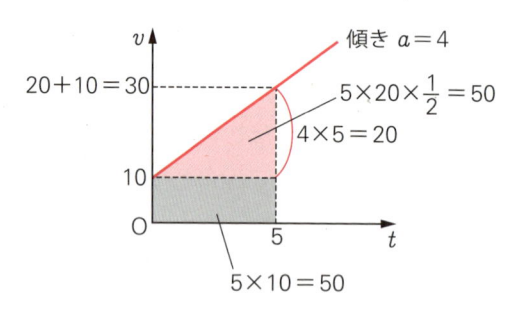

傾き $a = 4$

$20 + 10 = 30$

$5 \times 20 \times \dfrac{1}{2} = 50$

$4 \times 5 = 20$

10

5

$5 \times 10 = 50$

1秒あたりに 4m/s ずつ速さが増えるので，5秒後の速さは，はじめよりも 20m/s 増加しているはずです。
よって，初速度の 10 m/s に 20 m/s を加えて 30 m/s となります。
また，**移動距離はグラフの面積から求めます。**このときの面積は，図のように，

$$50 + 50 = 100$$

となります。

答 位置：100 m
　　　速さ：30 m/s

応用問題 〈v-t グラフの使い方〉

問題 1 次の v-t グラフのように，直線上を運動した物体があります。以下の問いに答えなさい。

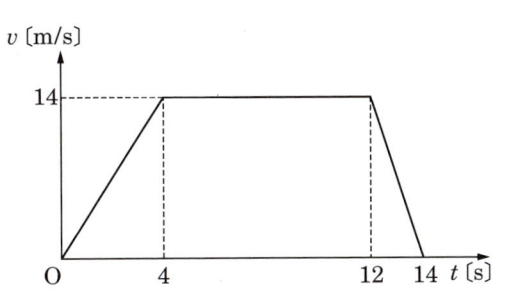

(1) 時刻 0 秒から 4 秒までの加速度の大きさを求めなさい。

(2) この運動の a-t グラフをかきなさい。

(3) この運動をはじめてから 12 秒までの移動距離を求めなさい。

(4) 動きはじめてから止まるまでの時間と，その間の移動距離を求めなさい。

問題 2 図1の物体は，図2の v-t グラフで表したように x 軸上を運動しています。物体が最初に原点を通過する時刻を 0 として，以下の問いに答えなさい。

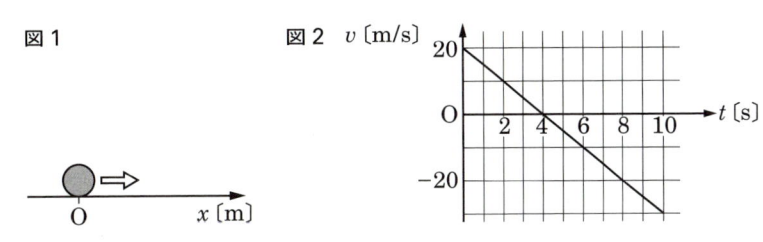

(1) 時刻 0 秒から 4 秒までの加速度を求めなさい。また，このとき物体は速くなっていますか，遅くなっていますか。

(2) 時刻 4 秒から 10 秒までの加速度を求めなさい。また，このとき物体は速くなっていますか，遅くなっていますか。

(3) 0 秒から 10 秒の間で，この物体が到達する位置の最大値を求めなさい。

(4) 物体が再び原点に戻ってくる時刻を求めなさい。

応用問題 の解説 ①

問題 1 次の v-t グラフのように，直線上を運動した物体があります。以下の問いに答えなさい。

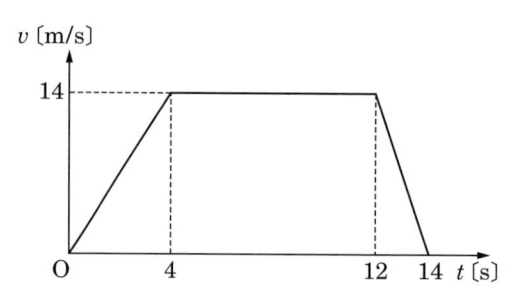

(1) 時刻 0 秒から 4 秒までの加速度の大きさを求めなさい。
(2) この運動の a-t グラフをかきなさい。
(3) この運動をはじめてから 12 秒までの移動距離を求めなさい。
(4) 動きはじめてから止まるまでの時間と，その間の移動距離を求めなさい。

解説 (1) 加速度の大きさは v-t グラフの傾きを求めればよいので，

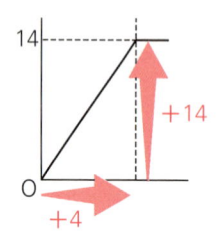

$$\frac{14}{4} = 3.5 \text{ m/s}^2$$

となります。

答 3.5 m/s²

(2) (1)と同様に，4〜12 秒の間の加速度，12〜14 秒の間の加速度を求めましょう。4〜12 秒の間は速さが増えていないので，8 秒間で速さの増加量は 0 m/s となります。そのため傾きは 0，つまり加速度は 0 m/s² になります。

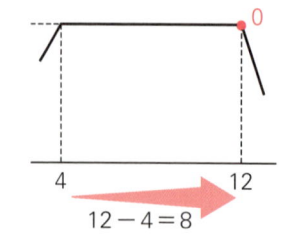

18

〈v-t グラフの使い方〉

また 12～14 秒の間の加速度は，2 秒間で速度の変化量が -14 m/s となるので，このときの傾き，つまり加速度は -7 m/s^2 となります。この**マイナスは，速さが時間とともに減っていくことを示しています。**

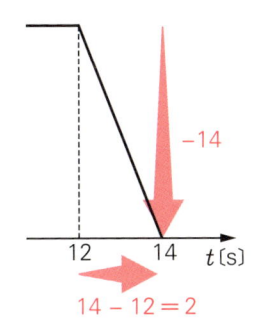

これらを a-t グラフにプロットしていくと，次のようなグラフになります。

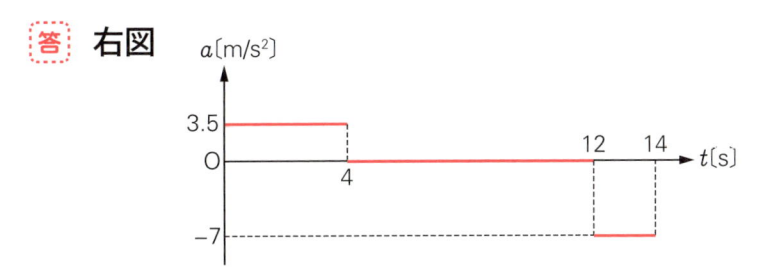

答 右図

(3) 12 秒までの移動距離を知るためには，v-t **グラフに囲まれた 12 秒までの面積を求めればよい**です。

次の図のように三角形と四角形に分けて面積を求めると，三角形の面積は 28，四角形の面積は 112 となります。

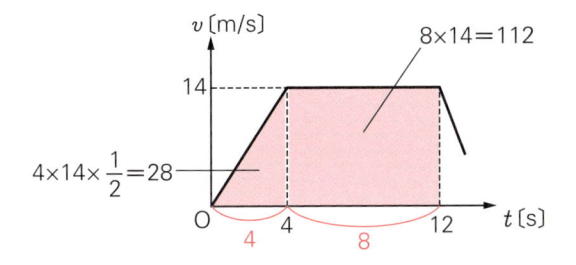

よって，全体の面積を求めると，

$$28 + 112 = 140 \text{ m}$$

となります。これが答えです。

答 140 m

応用問題 の解説②

(4)「動きはじめてから止まるまで」とありますが,止まったということは**速度が0になったこと**ですから,次の図の2点が止まっている場所です。

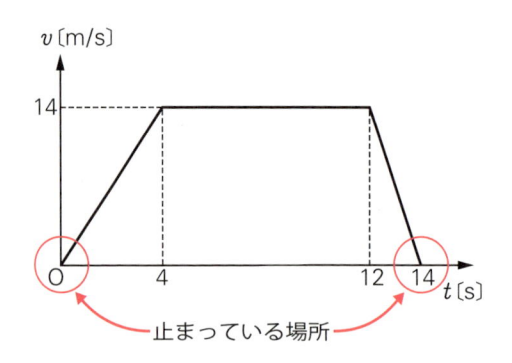

止まっている場所

このとき0秒は「動きはじめ」なので,問題で問われていることではありません。よって,答えは14秒です。

また,この14秒までに移動した距離は,**全体の台形の面積**を計算すればよいことになります。

12秒までの距離は計算したので,12秒から14秒までに移動した距離(三角形の面積)を求めて足せばよいわけです。

12秒から14秒までの三角形の面積は,

$$2 \times 14 \times \frac{1}{2} = 14 \text{ m}$$

となります。

よって,(3)の移動距離と合わせると,

$$140 + 14 = 154 \text{ m}$$

となります。

答 時間:14秒
移動距離:154 m

20

〈v-t グラフの使い方〉

問題 2 図1の物体は，図2のv-tグラフで表したようにx軸上を運動しています。物体が最初に原点を通過する時刻を0として，以下の問いに答えなさい。

図1

図2

(1) 時刻0秒から4秒までの加速度を求めなさい。また，このとき物体は速くなっていますか，遅くなっていますか。
(2) 時刻4秒から10秒までの加速度を求めなさい。また，このとき物体は速くなっていますか，遅くなっていますか。
(3) 0秒から10秒の間で，この物体が到達する位置の最大値を求めなさい。
(4) 物体が再び原点に戻ってくる時刻を求めなさい。

解説 (1) v-t グラフの傾きが加速度を示します。加速度を求めてみましょう。

次の図のように，0秒から4秒までのグラフの傾きを求めると，

$$\frac{-20}{4} = -5 \text{ m/s}^2$$

となります。

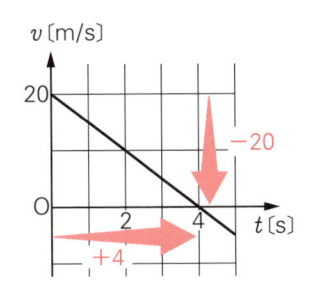

このとき，**マイナス**は「x軸の向きと逆を向いている」ことを示します。

はじめの速度はx軸の正の向きなので，物体は遅くなっています。

答 加速度：-5 m/s^2
物体：遅くなっている

第1章 物体の運動

21

応用問題 の解説③

(2) 4秒から10秒までのグラフの傾きを見ると、0秒から4秒までと傾きは変わっていないことがわかります。よって、加速度はずっと $-5\,\text{m/s}^2$ のまま変化していません。

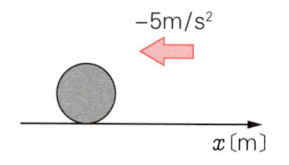

このときの加速度の様子を図に示すと、右上のようになります。
このように、$-5\,\text{m/s}^2$ の**マイナス**は、「x 軸の向きと逆を向いている」ということを示しています。

この物体は、4秒で一瞬静止したあと、逆向きに速さが増していきます。つまり、速くなりながら戻ってくるような運動であることがわかります。
図に示すと次のようになります。

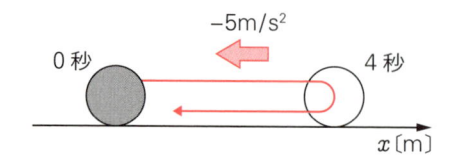

答 加速度：$-5\,\text{m/s}^2$
　　物体：速くなっている

(3) v-t グラフを見てください。この物体が0秒から4秒のように右向きに速さをもっている間は、物体は x 軸を右向きに進んでいくはずです。

しかし4秒後に静止した後、物体の速度は負になり、もとの場所のほうに戻ってきます。

このことから、0秒から4秒までの間に進んだ距離（面積）が、x 座標の最大値となります。

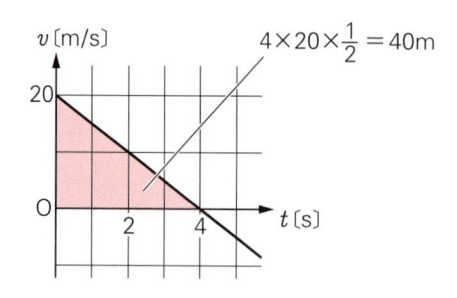

$$4 \times 20 \times \frac{1}{2} = 40\,\text{m}$$

答 40 m

⟨v-t グラフの使い方⟩

(4) 4秒のときの物体の位置を，x 座標に表してみましょう。

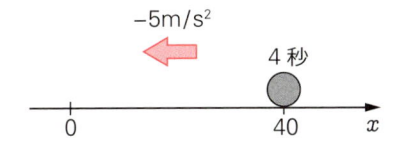

このように，4秒のときには物体は 40 m の場所にいて一瞬止まっています。このあと物体は**負の加速度によって逆向きに速度をもち**，戻ってきます。

v-t グラフを見てください。実は v-t グラフの4秒以降の面積は，**戻ってきた距離を示しているのです**。たとえば 4〜6 秒の間で，その面積を計算すると，10 m となります。

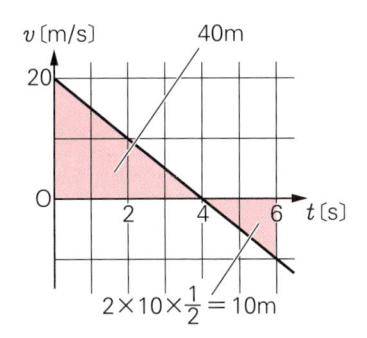

つまり6秒のときでは，4秒のときの位置（0秒〜4秒の面積）x＝40 m から，戻ってきた距離 10 m を引いた，x＝30 m の場所にいるということになります。

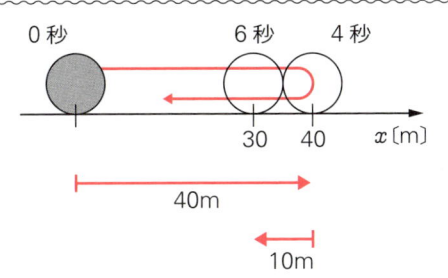

再び原点に戻ってきたということは，**図の2つの赤い三角形の面積が同じになったときの時間**ですから，計算せずとも図を見て，答えは8秒ということがわかりますね。

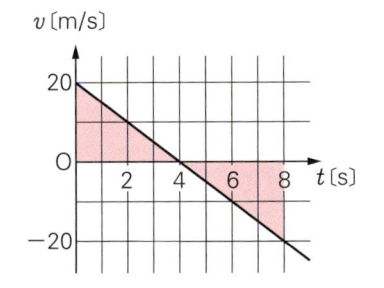

答 8秒

4 単位換算と有効数字

◎単位

物理では，基本的に距離 m（メートル），質量 kg（キログラム），時間 s（秒）の 3 つの基本単位を組み合わせて組立単位をつくり，使っていきます。

例題 100 km/h（時速 100 km）と 10 m/s（秒速 10 m）ではどちらのほうが速いでしょうか。km/h を m/s へと直してくらべてみましょう。

解説
❶ 分母を 1 として，単位をそれぞれ書く

$$100 \text{ km/h} \Rightarrow \frac{100 \text{ km}}{1 \text{ h}}$$

❷ 分子と分母を，べつべつに目的の単位に合わせていく

$$\frac{100 \text{ km}}{1 \text{ h}} \Rightarrow \frac{100 \times 1000 \text{ m}}{60 \times 60 \text{ s}} = 27.7\cdots \text{ m/s}$$

答 100 km/h のほうが速い

◎有効数字

【累乗の計算】…物理では，とても大きい数やとても小さい数も扱います。そして，このような数は 10^n の形で表すことがあります。たとえば 1000 は 10 × 10 × 10 なので，10^3 と表します。また 0.001 は $\frac{1}{10} \times \frac{1}{10} \times \frac{1}{10}$ なので，$\frac{1}{10^3}$ となり，これを 10^{-3} と書きます。
累乗のかけ算・わり算をするときは，指数（肩につけた数）どうしの足し算・引き算をします。

例 $10^2 \times 10^3 = 10^{(2+3)} = 10^5$　　　$10^3 \div 10^5 = 10^{(3-5)} = 10^{-2}$

【有効数字】… 物体の長さを測定したとき，220 cm だったとします。100 cm ＝ 1 m なので，220 cm ＝ 2.2 m のように，単位を変えて記述することもできます。
しかし，220 の 3 桁が測定した値なのに，2.2 m と書くと 2.2 の次の数がよくわかりません。この場合，2.20 m と表すようにすれば，3 桁目までの測定値が正確だと表現することができます。このときの，正確な値を有効数字といいます。この例の場合，有効数字は 3 桁になります。

例 有効数字の桁数

10 → 2 桁　　　100 → 3 桁　　　2.0 → 2 桁　　　3.00 → 3 桁

2.403 → 4 桁　　　0.00432 → 3 桁　　　0.00400 → 3 桁

測定した数値 0.00022 ⇨ わかりやすい表し方 2.2 × 10⁻⁴　どちらも有効数字 2 桁！

測定した数値 0.000220 ⇨ わかりやすい表し方 2.20 × 10⁻⁴　どちらも有効数字 3 桁！

【有効数字のルール（かけ算・わり算）】…有効数字の最も少ない桁数に合わせます。

計算途中は**有効桁数＋1桁**で計算していき，最後に最も小さい桁を**四捨五入**します。

　例　$2.10 \times 1.23456 \fallingdotseq 2.10 \times 1.235 \fallingdotseq 2.59\cancel{35}$

【有効数字のルール（足し算・引き算）】…最後の桁の位が最も大きいものに合わせます。

計算途中は**有効桁数＋1桁**で計算していき，最後に最も小さい桁を**四捨五入**します。

　例　$1.234 + 234.1 \fallingdotseq 1.23\cancel{4} + 234.1 \fallingdotseq 235.3\cancel{3}$

例題　ある物体が，30.0 秒間（有効数字 3 桁）で 5000.0 m（有効数字 5 桁）動きました。このときの速さを求めなさい。

解説　ふつうに計算すると，5000 ÷ 30 = 166.66… m/s となります。
ただし，有効数字の一番小さな桁数は 30.0 m の 3 桁なので，わり算のルールを適用して答えは 3 桁に合わせ，166.6 → 167 とします。

答　167 m/s

練習問題

問題 ❶　次の物理量を，〔　〕内の単位に変換しなさい。わり切れない場合は，有効数字を 2 桁にして答えること。
　(1) 1 km〔m〕　　(2) 20 km/h〔m/s〕　　(3) 2.0 g/cm³〔kg/m³〕

問題 ❷　次の計算をしなさい。
　(1) $10^3 \times 10^5$　　(2) $10^{-3} \times 10^{-4}$　　(3) $10^5 \div 10^3$

問題 ❸　次の物理量の有効数字を 2 桁にして，○.○ × 10[○] という形で表しなさい。
　(1) 光の速さ 299800000 m/s
　(2) 赤血球の平均体積 0.000000000000000089 m³

問題 ❹　有効数字に注意して次の値を求め，（　）内の単位で表しなさい。計算には電卓を用いてもかまいません。
　(1) 100 m を 18.3 s で走る人の速さ（m/s）
　(2) 縦 30.2 cm，横 9.8 cm の長方形の面積（cm²）

解答・解説は次のページ

練習問題 の解説

> **問題 ①** 次の物理量を，〔 〕内の単位に変換しなさい。わり切れない場合は，有効数字を2桁にして答えること。
> (1) 1 km〔m〕　(2) 20 km/h〔m/s〕　(3) 2.0 g/cm³〔kg/m³〕

解説

(1) キロ(k)は 1000 を表します。答えは 1000 m です。くわしくは，p.203「国際単位系(SI)の単位など」を見てください。

(2) **組立単位**の場合には，分母を 1 として単位を 1 つずつそろえていきます。

① 分母を 1 として，単位をそれぞれ書く。

$$\frac{20 \text{ km}}{1 \text{ h}} = \frac{\text{m}}{\text{s}}$$

② 分子分母，べつべつに目的の単位に合わせていく。

1 時間は 60 分，1 分は 60 秒なので，1 時間 = 60 × 60 s となります。また，k は 1000 を表すので，20 km = 20 × 1000 m となります。

$$\frac{20 \text{ km}}{1 \text{ h}} = \frac{20 \times 1000 \text{ m}}{60 \times 60 \text{ s}}$$

これを計算すると，5.55… m/s となります。有効数字を 2 桁に合わせると，答えは 5.6 m/s となります。

(3) (2)と同様に考えます。

① 分母を 1 として，単位をそれぞれ書く。

$$\frac{2.0 \text{ g}}{1 \text{ cm}^3} = \frac{\text{kg}}{\text{m}^3}$$

② 分子分母，べつべつに目的の単位に合わせていく。

1 kg は 1000 g なので，1 g = $\frac{1}{1000}$ kg となります。

また，1 cm³ は 1 cm × 1 cm × 1 cm です。

さらに，1 m は 100 cm なので，1 cm = $\frac{1}{100}$ m となります。

よって，1 cm³ = $\frac{1}{100}$ m × $\frac{1}{100}$ m × $\frac{1}{100}$ m となります。

$$\frac{2.0 \text{ g}}{1 \text{ cm}^3} = \frac{2.0 \times \frac{1}{1000} \text{ kg}}{\frac{1}{100} \times \frac{1}{100} \times \frac{1}{100} \text{ m}^3} = 2.0 \times 10^3 \text{ kg/m}^3$$

答 (1) 1000 m　(2) 5.6 m/s　(3) 2.0 × 10³ kg/m³

4 単位換算と有効数字

> **問題 ❷** 次の計算をしなさい。
> (1) $10^3 \times 10^5$ (2) $10^{-3} \times 10^{-4}$ (3) $10^5 \div 10^3$

解説 かけ算・わり算は，**指数の足し算・引き算をすればよい**のです。
(1) $10^3 \times 10^5 = 10^{(3+5)} = 10^8$
(2) $10^{-3} \times 10^{-4} = 10^{(-3-4)} = 10^{-7}$
(3) $10^5 \div 10^3 = 10^{(5-3)} = 10^2$

答 (1) 10^8 (2) 10^{-7} (3) 10^2

> **問題 ❸** 次の物理量の有効数字を2桁にして，○.○ $\times 10^○$ という形で表しなさい。
> (1) 光の速さ 299800000 m/s
> (2) 赤血球の平均体積 0.000000000000000089 m³

解説 目的の小数点までにある数字の数を数えて，指数を決めましょう。**小数点を左に動かした場合は＋，右に動かした場合は－**とおぼえておくとよいですね。

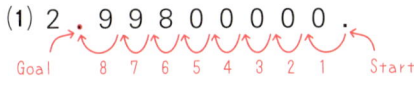

(1) 2.99800000.
Goal 8 7 6 5 4 3 2 1 Start
$= 2.998 \times 10^8$
$= 3.0 \times 10^8$ m/s

(2) 0.000 … 008.9 m³
Start -1 -2 -3 … -15 -16 -17 Goal
$= 8.9 \times 10^{-17}$ m³

答 (1) 3.0×10^8 m/s (2) 8.9×10^{-17} m³

> **問題 ❹** 有効数字に注意して次の値を求め，（ ）内の単位で表しなさい。計算には電卓を用いてもかまいません。
> (1) 100 m を 18.3 s で走る人の速さ（m/s）
> (2) 縦 30.2 cm，横 9.8 cm の長方形の面積（cm²）

解説 かけ算・わり算の場合，有効数字は**与えられた数値の最小桁数**に合わせていきます。
(1) $v = 100 \div 18.3 = 5.464\cdots = 5.46$ m/s
問題文で与えられた数値 100 も 18.3 も有効数字は3桁なので，4桁目を四捨五入して3桁に整えます。
(2) $30.2 \times 9.8 = 295.96 = 2.9596 \times 10^2 = 3.0 \times 10^2$
問題文で与えられた数値の有効数字の最小桁数は2桁（9.8）です。
そこで，答えの3桁目を四捨五入して，2桁にそろえます。

答 (1) 5.46 m/s (2) 3.0×10^2 cm²

5 合成速度と相対速度

◎合成速度

次の図のように，ベルトコンベアの上で動くAさんがいます。

このAさんを静止した観測者Bさんから見ると，図のように1.5 m/sの速度で右方向に動いているように見えるはずです。この速度のことを，**合成速度**といいます。

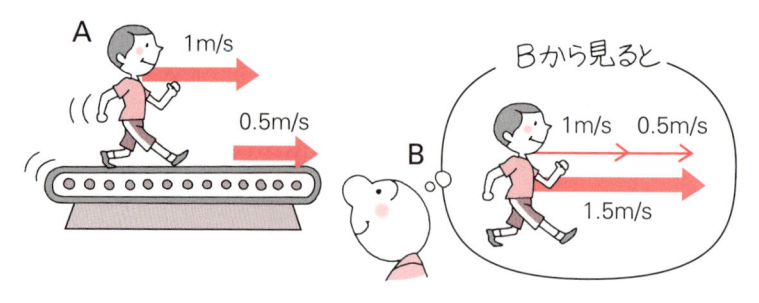

このときの合成速度は，図のようにAさん自身が動く速度ベクトルの終点から，ベルトコンベアの速度ベクトルをかくことによって，ベクトルの和として求めることができます。
合成速度を求めることを**速度の合成**といいます。

◎相対速度

次の図のように，高速道路で2台の車が走っているとします。
車Cの中にいる観測者から見た車Dの速度は，実際の速度よりは遅く見えるはずです。
このように，**運動している物体から見た速度**のことを，**相対速度**といいます。

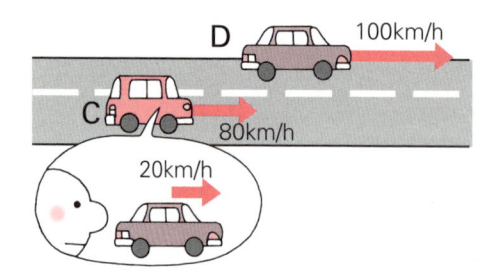

相対速度は次のようにして，3ステップで求めることができます。

相対速度の3ステップ解法

❶ 観測者の速度（矢印）をかく
❷ （始点をそろえて）相手の速度をかく
❸ ❶の矢印の頭から❷の矢印の頭に向かって矢印を伸ばす

今回の例では，右の図のようになります。

この❸の赤矢印の指し示す向きと，その大きさが相対速度を示しています。つまりCから見た車Dの相対速度は，右向きに20km/hとなります。

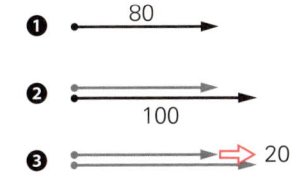

❶ → 80
❷ → 100
❸ → 20

練習問題

問題 ❶ ある船が，図のように湖の上を 7 m/s の速さで右向きに進んでいます。

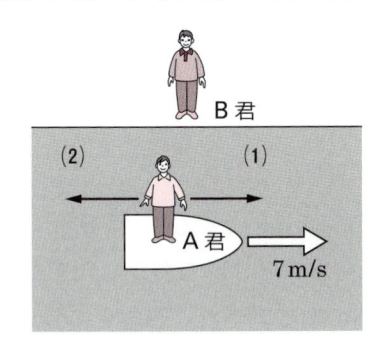

B君
(2) ← A君 → (1)
7 m/s

この船の上を，A君が4 m/sで(1)や(2)の方向に歩きました。そのようすを岸で静止しているB君が見ていました。

A君がそれぞれ(1), (2)のように動いたとき，B君には，A君はどのような速さでどちら向きに歩いているように見えますか。

問題 ❷ 図に示すように，車が走っています。

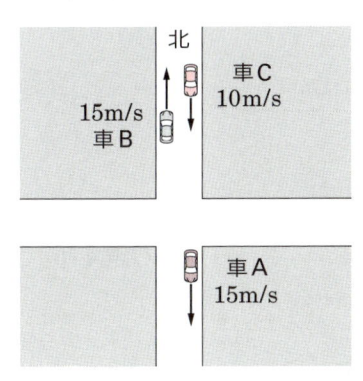

北
車C 10m/s
15m/s 車B

車A 15m/s

(1) 車Cから見た，車Aの相対速度を求めなさい。
(2) 車Cから見た，車Bの相対速度を求めなさい。

解答・解説は次のページ

練習問題 の解説

問題 ❶ ある船が，図のように湖の上を 7 m/s の速さで右向きに進んでいます。

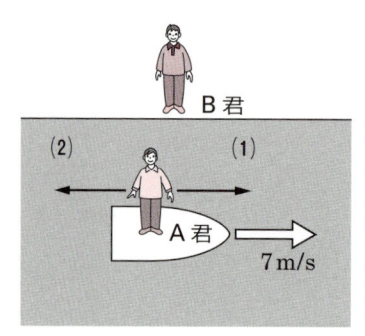

この船の上を，A君が4 m/sで(1)や(2)の方向に歩きました。そのようすを岸で静止しているB君が見ていました。
A君がそれぞれ(1),(2)のように動いたとき，B君には，A君はどのような速さでどちら向きに歩いているように見えますか。

解説 まず，状況をイメージしてみましょう。
(1)のようにA君が船と同じ右向きに船上を動いていたら，B君から見ると，右向きにさらにスピードアップして見えるような気がしますね。
また，(2)のように，A君が船の進む向きとは逆向きに動いていれば，B君から見たときA君の速さは遅く見えそうな気がしますね。
それでは，実際に速度を合成してみましょう。
合成速度は，

❶ A君の速度ベクトルをはじめにかく
❷ ❶の矢印の終点から船の速度ベクトルをかく
❸ ❶の始点から❷の終点までの矢印をかく

ことによって求めることができます。

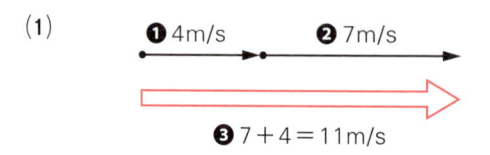

(1)
❶ 4m/s　❷ 7m/s
❸ 7＋4＝11m/s

答 船の進む向き（右向き）に 11 m/s

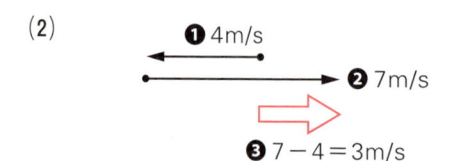

(2)
❶ 4m/s
❷ 7m/s
❸ 7－4＝3m/s

答 船の進む向き（右向き）に 3 m/s

5 合成速度と相対速度

問題 ❷ 図に示すように，車が走っています。
(1) 車Cから見た，車Aの相対速度を求めなさい。
(2) 車Cから見た，車Bの相対速度を求めなさい。

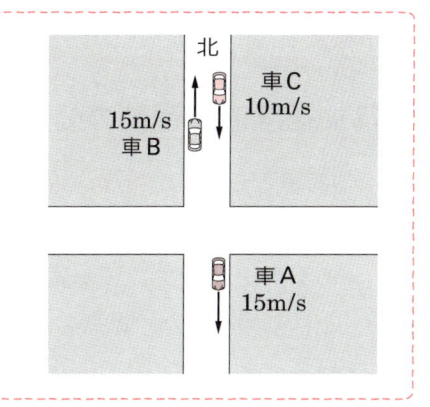

(図：北向きの車B 15m/s，南向きの車C 10m/s，南向きの車A 15m/s)

解説 まずは問題を解く前に，今回の状況を想像してみましょう。

私たちは車Cに乗っています。車Aは私たちと同じ方向に進んでいるので，車の中から見ると，実際よりも速さは遅く感じそうですよね。また車Bはすれちがうという状態から，車Cの中から見れば，かなりの速さで通過していくことが想像できます。

それでは，相対速度の3ステップ解法を使って問題を解いてみましょう。

(1) ❶ 観測者の速度(矢印)をかく
　　❷ (始点をそろえて)相手の速度をかく
　　❸ ❶の矢印の頭から❷の矢印の頭に向かって矢印を伸ばす

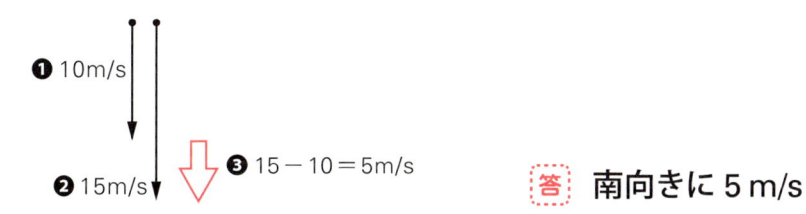

❶ 10m/s　❷ 15m/s　❸ $15 - 10 = 5$ m/s

答 南向きに 5 m/s

想像したとおり，車Cの中にいる人から見たときの速さは遅くなりました。

(2) ❶ 観測者の速度(矢印)をかく
　　❷ (始点をそろえて)相手の速度をかく
　　❸ ❶の矢印の頭から❷の矢印の頭に向かって矢印を伸ばす

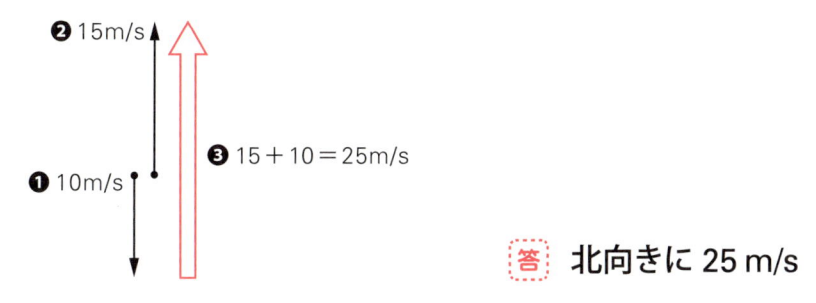

❷ 15m/s　❶ 10m/s　❸ $15 + 10 = 25$ m/s

答 北向きに 25 m/s

想像したとおり，車Cの中にいる人から見たときの速さは速くなりました。

6 等加速度直線運動の3公式

◎等加速度直線運動の公式

次の問題をもとに、等加速度直線運動で速度や位置を示す公式をつくってみましょう。

> ある車が初速度 v_0 で原点を通過しました。この瞬間に車は一定の加速度 a で加速をはじめました。原点を通過してから時間 t が経過した後の速度 v と、原点からの距離 x を求めなさい。

この車の運動を v-t グラフで表すと、右のようになります。グラフの傾きは加速度 a なので、t〔s〕動くと速度ははじめよりも at 増加します。

よって t〔s〕後の速度 v は、

速度の式 $\quad v = at + v_0$

と表されます。また t〔s〕の間に車が移動した距離 x は、v-t グラフの赤色部分（台形）の面積になります。これを計算すると、次のようになります。

$$t \times at \times \frac{1}{2} = \frac{1}{2}at^2 \qquad t \times v_0 = v_0 t$$

位置の式 $\quad x = \dfrac{1}{2}at^2 + v_0 t$

上の式の文字 a, v_0, t に数値を代入すれば、さまざまな問題を解くことができます。等加速度直線運動の問題については、次の3ステップで解いていきます。

等加速度直線運動の 3 ステップ解法

❶ 絵をかいて、動く方向に軸を伸ばす
❷ 軸の方向を見て、初速度・加速度に＋または－をつける
❸ a, v_0 を「等加速度直線運動の公式」に入れて、問題に合った式をつくる

例題を通して，公式の使い方を学んでいきましょう。

> **例題** 初速度 2.0 m/s の車が，一定の加速度 4.0 m/s² で加速をはじめました。2.0 秒後の速さと，加速しはじめて 3.0 秒間の移動距離を求めなさい。
>
> **解説**
> ❶ 絵をかいて，動く方向に軸を伸ばす
> ❷ 軸の方向を見て，初速度・加速度に＋または－をつける
>
> ❸ a, v_0 を「等加速度直線運動の公式」に入れて，問題に合った式をつくる
>
> $$v = at + v_0 = 4t + 2 \cdots Ⓐ'$$
>
> $$x = \frac{1}{2}at^2 + v_0 t = 2t^2 + 2t \cdots Ⓑ'$$
>
> 2秒後の速さは，Ⓐ′の t に 2 s を代入して 10 m/s，3秒間の移動距離は，Ⓑ′の t に 3 s を代入して 24 m となります。
>
> **答** 速さ：10.0 m/s，移動距離：24 m

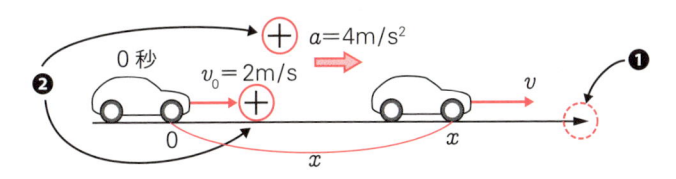

◎時間のない式

等加速度直線運動の 2 つの公式を紹介しました。この 2 つの式から，時間 t を消去することによって，得られる公式がこちらです。

> **時間のない式** $v^2 - v_0^2 = 2ax$

時間 t が入っていないので，これを**時間のない式**と呼ぶことにします。この公式は，**時間を問われない問題に有効**です。p.196 でくわしく解説しています。

練習問題

問題 ❶ ある車が，x 軸上を正の向きに運動しています。この車が，原点を 10 m/s の速さで通過しました。この瞬間に，車は一定の加速度 4 m/s² で加速をはじめました。5 秒後の車の位置と，そのときの速さを求めなさい。

解答・解説は次のページ

練習問題 の解説

問題 ❶ ある車が，x 軸上を正の向きに運動しています。この車が，原点を 10 m/s の速さで通過しました。この瞬間に，車は一定の加速度 $4\,\mathrm{m/s^2}$ で加速をはじめました。5秒後の車の位置と，そのときの速さを求めなさい。

解説 このような問題は，p.12「v-t グラフと a-t グラフ」でも扱いました。これを，v-t グラフではなく数式を使って解くとどのようになるのかを，**等加速度直線運動の3ステップ解法**で確かめてみましょう。

❶ 絵をかいて，動く方向に軸を伸ばす

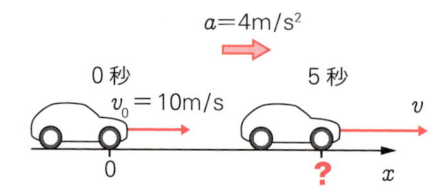

ここまでは v-t グラフの問題の解き方と同じですね。

次のステップにいきましょう。

❷ 軸の方向を見て，初速度・加速度に＋または－をつける

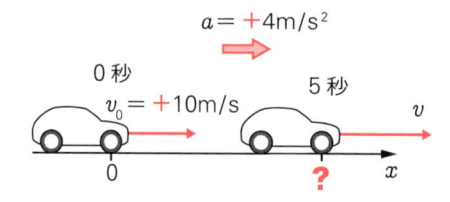

軸の方向と同じ方向を向いている場合にはベクトル量に＋をつけます。今回は初速度・加速度ともに x 軸と同じ方向を向いているのでプラスをつけました。

❸ a，v_0 を「等加速度直線運動の公式」に入れて問題に合った式をつくる

加速度 a と初速度 v_0 の値を**ステップ❷**の絵の中から探すと，

$$a = +4$$

$$v_0 = +10$$

⑥ 等加速度直線運動の3公式

これを速度の式と位置の式に代入していきます。

$$v = at + v_0 = 4t + 10$$

$$x = \frac{1}{2}at^2 + v_0 t = 2t^2 + 10t$$

これで，今回使う速度の式と位置の式が完成しました。

5秒後の速度や位置を知りたい場合には，**速度の式・位置の式**それぞれに，$t = 5\,\text{s}$を代入します。
計算すると，答えは次のようになります。

$$v = 4 \times 5 + 10 = 30\,\text{m/s}$$

$$x = 2 \times 5^2 + 10 \times 5 = 100\,\text{m}$$

答 位置：100 m
　　　速さ：30 m/s

いかがでしたか？
v-tグラフを用いて解く方法と比べてみるとよいでしょう。

7 落下運動

◎自由落下と投げ上げ・投げ下ろし

鉛直方向の落下運動には，初速度0でそっと落とす自由落下，初速度を下向きに与えて落とす鉛直投げ下ろし，初速度を上向きに与えて投げ上げる鉛直投げ上げがあります。

◎重力加速度

地上では重力という力がはたらいていて，何もしないと，物体は重力により地面に向かって落ちていきます。実験によると，この加速度は一定で 9.8 m/s² です。これを重力加速度といい，記号 g で表します。

重力加速度　$g = 9.8 \text{ m/s}^2$

落下運動も等加速度運動なので，等加速度直線運動の3ステップ解法を使えば，今までの問題と同じように解くことができます。

それでは，鉛直投げ下ろしの問題を解いてみましょう。

例題　ある物体を，初速度 v_0 で下方に投げ下ろしました。このときの1秒後の速さと位置を求めなさい。重力加速度は g とします。

解説　等加速度直線運動の3ステップ解法を使いましょう。

❶ 絵をかいて，動く方向に軸を伸ばす

軸は上下方向なので，y 軸をとります。

物体ははじめ下向きに落ちていくので，軸は下に向けます。

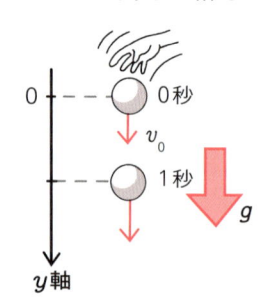

❷ 軸の方向を見て，初速度・加速度に＋または－をつける

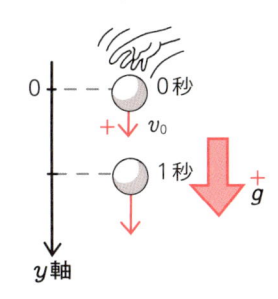

❸ a, v_0 を「等加速度直線運動の公式」に入れて，問題に合った式をつくる

$$a = +g, \quad v_0 = +v_0$$

を代入します。

$$v = at + v_0$$

$$y = \frac{1}{2}at^2 + v_0 t$$

等加速度直線運動の公式に代入してできあがりです。
1秒後の速さを知りたければ，t に 1 を代入します。すると，位置 y は $\frac{1}{2}g + v_0$ となります。
また，速さ v は $g + v_0$ となります。

答 速さ：$g + v_0$，位置：$\frac{1}{2}g + v_0$

練習問題

問題 ❶ ある高い木の上から，小球を初速度 0 で落下させました。そのちょうど 2.0 秒後に，小球が地面にぶつかりました。この木の高さを求めなさい。重力加速度は 9.8 m/s^2 とします。

問題 ❷ 初速度 5.0 m/s で，鉛直下向きに小球を投げ下ろしました。重力加速度は 9.8 m/s^2 とします。
(1) 2.0 秒後の速さを求めなさい。
(2) 投げてから 3.0 秒の間に落下した距離は何 m ですか。

解答・解説は次のページ

練習問題 の解説

問題 ❶ ある高い木の上から，小球を初速度 0 で落下させました。そのちょうど 2.0 秒後に，小球が地面にぶつかりました。この木の高さを求めなさい。重力加速度は 9.8 m/s² とします。

解説 等加速度直線運動の3ステップ解法を使います。

❶ **絵をかいて，動く方向に軸を伸ばす**
軸は，物体が落ちる下向きにとりましょう。

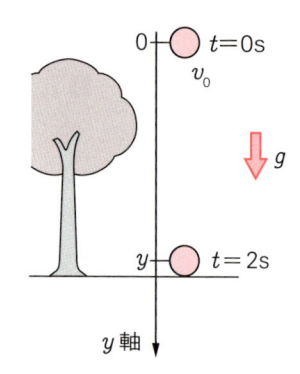

❷ **軸の方向を見て，初速度・加速度に＋または－をつける**
この問題では，初速度は 0 です。

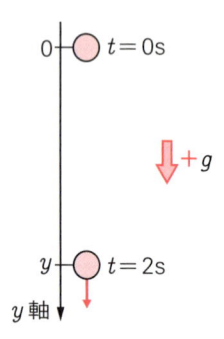

❸ **a, v_0 を「等加速度直線運動の公式」に入れて，問題に合った式をつくる**
ステップ❷の絵の中から，加速度と初速度を見つけると，$a = +g$, $v_0 = 0$ だということがわかります。これを位置の式に代入します。

$$y = \frac{1}{2}at^2 + v_0 t = \frac{1}{2}gt^2$$

最後に，2秒後に地面にぶつかったということから $t = 2$ s を，また $g = 9.8$ m/s² を代入して高さを求めると，

$$y = \frac{1}{2} \times 9.8 \times 2^2 = 19.6 ≒ 20 \text{ m}$$

となります。

答 20 m

7 落下運動

> **問題 ❷** 初速度 5.0 m/s で，鉛直下向きに小球を投げ下ろしました。重力加速度は 9.8 m/s² とします。
> (1) 2.0 秒後の速さを求めなさい。
> (2) 投げてから 3.0 秒の間に落下した距離は何 m ですか。

解説 とりあえず，**等加速度直線運動の3ステップ解法**を使って，問題に合った**速度の式と位置の式**をつくっていきます。

❶ **絵をかいて，動く方向に軸を伸ばす**

❷ **軸の方向を見て，初速度・加速度に＋または－をつける**

❸ a, v_0 を「等加速度直線運動の公式」に入れて，問題に合った式をつくる

ステップ❷より，$a = +g$, $v_0 = +5$ を**速度の式・位置の式**に代入します。

$$v = at + v_0 = gt + 5$$

$$y = \frac{1}{2}at^2 + v_0 t = \frac{1}{2}gt^2 + 5t$$

それでは，問題を解いていきましょう。

まず，2秒後の速さを求めます。速度の式に $g = 9.8$ m/s², $t = 2$ s を代入して計算すると，$v = 24.6 ≒ 25$ m/s となります。

また，3秒後の落下距離は，位置の式に $g = 9.8$ m/s², $t = 3$ s を代入して計算すると，$y = 59.1 ≒ 59$ m となります。

答 速さ：25 m/s
落下した距離：59 m

このように，位置の式や速度の式は，問題にあった形にカスタマイズして使います。

8 鉛直投げ上げ運動

鉛直投げ上げ運動は，初速度を上向きに与えて投げ上げる運動のことをいいます。この問題についても，等加速度直線運動の式を使って解くことができます。しかし今までの問題とはちがって，おさえておきたいポイントが3つあります。

鉛直投げ上げ運動の3つのポイント

ポイント1 軸の向きは，ずっと上に向ける
ポイント2 最高点では，速度が瞬間的に0になる
ポイント3 最高点を中心に，速度の大きさ（速さ）や時間が対称になる

ポイント1 鉛直投げ上げのとき，y軸ははじめに動く向き，つまり上向きを正にしてください。

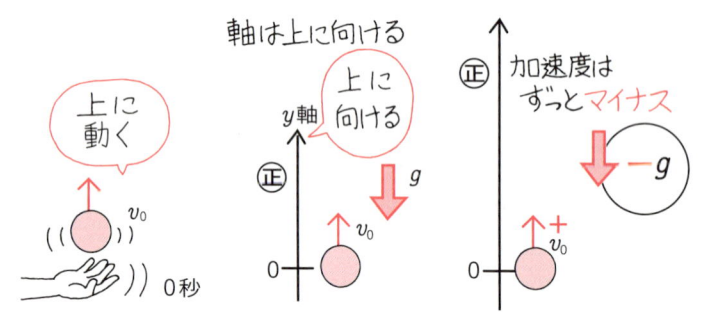

重力加速度はボールの運動に関わらず下向きになるので，軸の向きと逆になります。つまり「負」になります。

鉛直投げ上げ運動では，しばらくすると速度が下向きになって落ちてきます。このとき，**落ちてきたからといって軸の向きを変えてはいけません**。もし計算をした結果，速度がマイナスになったら，**折り返し地点を通過して，落ちてきている**ことを示しています。

ポイント2 鉛直投げ上げ運動では，かならず折り返し地点となる**最高点**があります。この最高点では**速度が0**となり，瞬間的に物体は止まります。

もし最高点について問われたら，物体の速度を0としましょう。

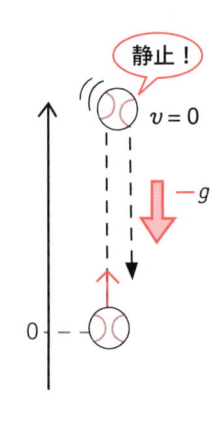

40

ポイント3 鉛直投げ上げ運動では，位置や速さが**最高点（折り返し地点）を中心に対称になる**という性質があります。

たとえば最高点まで2秒かかって到達したとすると，<u>2秒かかってもとの所へ落ちてきます。</u>

初速度が20 m/sだとすると，もとの所へ落ちてきたときの速度は初速度とは逆向きにはなりますが，<u>速さは20 m/sで同じ</u>になります。

このような対称性を使うと，問題をすばやく解けることがあります。

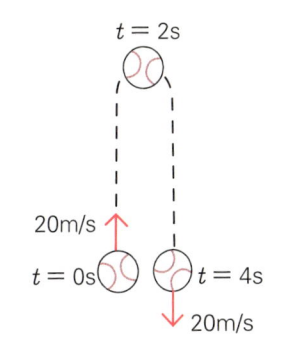

練習問題

問題 ❶ 高さ19.6 mのビルの屋上から，小さな球を鉛直上向きに速さ14.7 m/sで投げ上げました。重力加速度は9.8 m/s²とし，空気抵抗は無視できるものとします。次の問いに答えなさい。

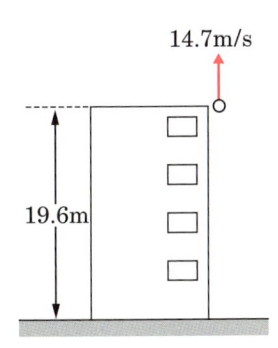

(1) 小球が最高点に達するまでの時間は，投げ上げてから何秒後ですか。
(2) 小球が最高点に達したときの，地面からの高さは何mですか。
(3) 小球が再びビルの屋上を通過するのは，投げ上げてから何秒後ですか。
(4) 小球が地面に達するまでの時間は，投げ上げてから何秒後ですか。

練習問題 の解説①

問題 ❶ 高さ 19.6 m のビルの屋上から，小さな球を鉛直上向きに速さ 14.7 m/s で投げ上げました。重力加速度は 9.8 m/s² とし，空気抵抗は無視できるものとします。次の問いに答えなさい。

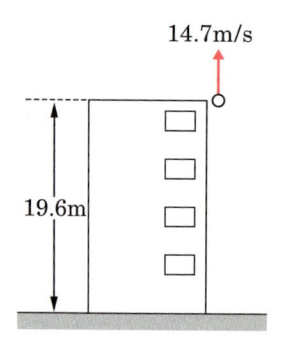

(1) 小球が最高点に達するまでの時間は，投げ上げてから何秒後ですか。
(2) 小球が最高点に達したときの，地面からの高さは何 m ですか。
(3) 小球が再びビルの屋上を通過するのは，投げ上げてから何秒後ですか。
(4) 小球が地面に達するまでの時間は，投げ上げてから何秒後ですか。

解説 まずは，**等加速度運動の 3 ステップ解法**を使って，この問題に合った**速度の式**と**位置の式**をつくっていきます。

❶ 絵をかいて，動く方向に軸を伸ばす

物体ははじめに上に動くので，y 軸は上に伸ばします。
また，ビルの屋上を**初期位置**（はじめに物体がいる位置）として，**原点**にしました。このため，地上の高さは -19.6 m（y 軸の正の向きを上にとったため）となります。

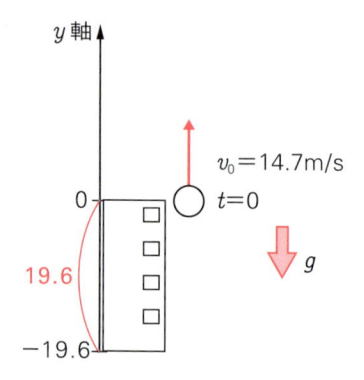

❷ 軸の方向を見て，初速度・加速度に＋または－をつける

y 軸は上を向いているので，初速度は正，加速度は負となります。**鉛直投げ上げ運動**では，このように加速度を負にして解いていくことに注意しましょう。

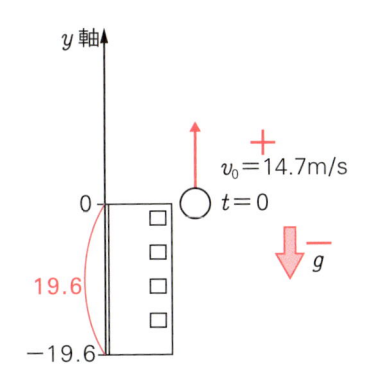

❸ a, v_0 を「等加速度直線運動の公式」に入れて，問題に合った式をつくる

ステップ❷の絵より，$\underline{a = -g, v_0 = +14.7 \text{ m/s}}$ となります。これを**速度の式と位置の式**に代入して，今回使える式にグレードアップしましょう！

$$v = at + v_0 = -gt + 14.7$$

$$y = \frac{1}{2}at^2 + v_0 t = -\frac{1}{2}gt^2 + 14.7t$$

それでは問題を解いていきます。

(1), (2) 最高点に達するまでの時間は，**最高点の条件**を使って導きましょう。**最高点ではボールは一瞬静止する**ので，速度の式の左辺を $v = 0$ にして，そのときの時間 t を求めます。

$$v = -gt + 14.7$$

$$0 = -gt + 14.7$$

$g = 9.8 \text{ m/s}^2$ を代入して，そのときの時間 t を計算すると，$t = 1.5 \text{ s}$ となります。

答えが出たら，必ず図の中に値を書き込んでいきましょう。

練習問題 の解説②

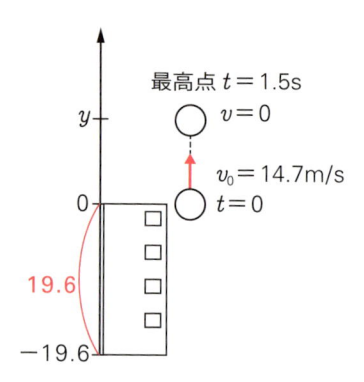

次に,そのときの地面からの高さを考えてみましょう。

位置の式に $g = 9.8\,\text{m/s}^2$, $t = 1.5\,\text{s}$ を代入します。これを計算すると,11.025 となります。

これは地面からの高さではありません。この 11.025 というのは,単に y 座標を示しているだけです。そのため,地面からの高さは図のように,ビルの高さ 19.6 m を足したものとなります。

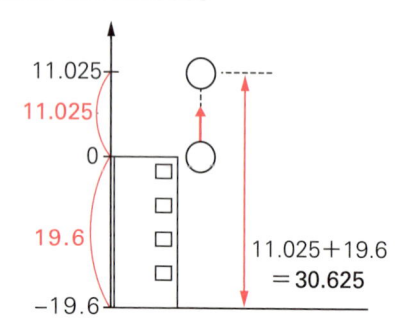

答えは,30.625 ≒ 31 m となります。

答 (1) 1.5 秒後 (2) 31 m

(3) 小球が再びビルの屋上に戻ってくるまでの時間は，鉛直投げ上げ運動の**対称性**を使うと簡単に求めることができます。

対称性を考えれば，1.5 s で最高点に達したので，同じ場所まで降りてくるまでにかかる時間も同じ 1.5 s のはずです。よって答えは 3 秒となります。

「本当かな？」と思う人は，位置の式の左辺 y に 0 を代入して，時間を求めてみましょう。

$$0 = -\frac{1}{2}gt^2 + 14.7t = -4.9t^2 + 14.7t$$

この解は $t = 0, 3$ となります。0 s は物体を投げ上げたときの時間，3 s は再び屋上を通るときの時間を示すので，答えは 3 s のほうです。

答 **3.0 秒後**

(4) 図のように，地面は y 座標で -19.6 m の位置にあたります。

よって，位置の式の左辺に -19.6 を代入して時間を求めましょう。

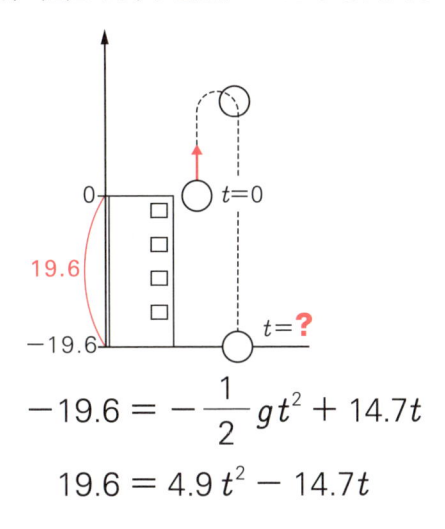

$$-19.6 = -\frac{1}{2}gt^2 + 14.7t$$

$$19.6 = 4.9t^2 - 14.7t$$

両辺を 4.9 で割ると，

$$4 = t^2 - 3t$$

これを因数分解すると，次のようになります。

$$(t+1)(t-4) = 0$$

この解は，$t = -1, 4$ となります。**時間 t が負というのは投げ上げたときよりも過去を示しているので，-1 s はおかしいですね。**

よって，未来を示す正である $+4$ s のほうが答えになります。

答 **4.0 秒後**

⑨ 力のつり合い

◎力とは？

静止している物体に力がはたらくと，物体は動きはじめます。つまり物体は加速をします。ニュートンは，力をこのように物体を加速させるものと定義しました。このときの，力と加速度の関係を表したものを運動方程式といいます。

> 運動方程式　　$ma = F$　　質量 × 加速度 = 力

運動方程式の比例定数 m は，質量を表します。質量 m が大きいほど，物体を加速させるために必要な力は大きくなりますね。つまり，質量とは物体の動きにくさを示しています。力の単位には，N（ニュートン）を用います。

◎力の表し方

力はベクトルなので，図のように矢印を使って表します。力がはたらいている場所を作用点といいます。力の大きさ，力の向き，作用点を力の3要素といいます。

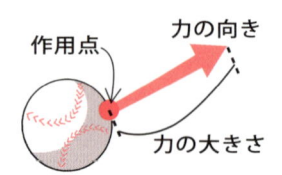

◎2つの力がはたらくとどうなる？

2つの力が1つの物体にはたらいた場合には，2つの力を合成して1本にまとめてから運動方程式にあてはめていきます。たとえば次の図のように，左向き8Nと右向き3Nの力を足し合わせると，左向き5Nの力が残ります。

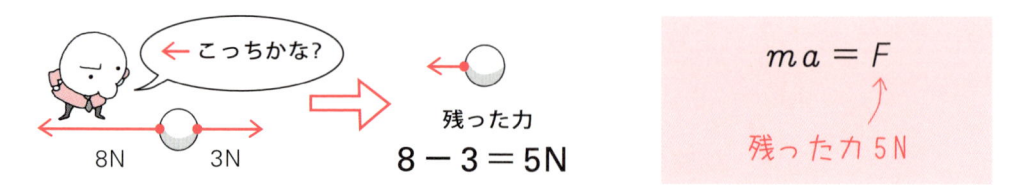

$$ma = F$$
残った力 5N

運動方程式の右辺の F には，力をすべて合成して「残った力」を代入します。

◎力のつり合い

それでは，次の図のように同じ大きさで逆向きの2つの力がはたらいている場合には，どのように考えればよいのでしょうか。この場合，力を合成すると力は0となり，なくなってしまいます。図では，右向きを正として足し合わせました。

運動方程式の右辺の F に 0 を代入してみると，

$$ma = F$$

↑
残った力 0 N

質量が 0 の物体はないので，左辺の加速度 a が 0 になります。つまり，物体は**静止**または**等速度運動**をしています。

このことを逆に考えると，**物体の運動が静止または等速度運動の場合，その物体にはたらく力は 0** だということがわかります。

たとえば次の図のように，物体に $F_1 \sim F_4$ の 4 つの力がはたらいていて，その物体が静止している場合，

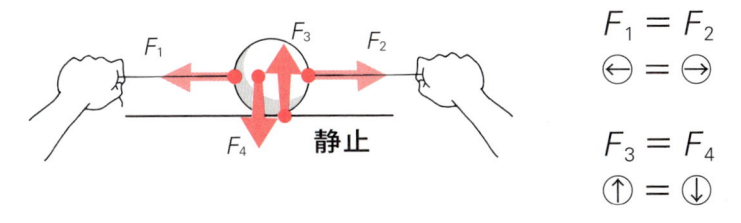

$F_1 = F_2$
$\Leftarrow = \Rightarrow$

$F_3 = F_4$
$\Uparrow = \Downarrow$

という関係がなりたちます。これを**力のつり合い**といいます。

練習問題

問題 ❶ 質量 3.0 kg の物体に 6.0 m/s² の加速度を生じさせる力は何 N ですか。

問題 ❷ 質量 2.0 kg の物体をなめらかな水平面の上に置いて，右向きに 5.0 N，左向きに 2.0 N の力で引き続けました。この物体の加速度を求めなさい。

問題 ❸ 摩擦のあるあらくて水平な面に物体を置いて，右向きに 2 N の力を加えましたが，物体は静止したまま動きませんでした。このとき，物体にはたらく摩擦力の大きさを求めなさい。

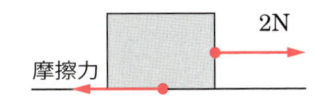

解答・解説は次のページ

練習問題 の解説

> **問題 ❶** 質量 3.0 kg の物体に 6.0 m/s² の加速度を生じさせる力は何 N ですか。

解説 運動方程式に代入しましょう。
$ma = F$ より，

$$ma = F$$

左辺を計算して力 F を求めると，18 N となります。

答 18 N

> **問題 ❷** 質量 2.0 kg の物体をなめらかな水平面の上に置いて，右向きに 5.0 N，左向きに 2.0 N の力で引き続けました。この物体の加速度を求めなさい。

解説 図にしてイメージをしてみましょう。

2つの力を合成すると，3 N になります。
この残った力の 3 N を運動方程式

$$ma = F$$

に代入しましょう。

$$ma = F$$

加速度 a について解くと，

$$a = \frac{3}{2}$$

となるので，答えは 1.5 m/s² になります。

答 右向きに 1.5 m/s²

⑨ 力のつり合い

問題 ❸ 摩擦のあるあらくて水平な面に物体を置いて，右向きに2Nの力を加えましたが，物体は静止したまま動きませんでした。このとき，物体にはたらく摩擦力の大きさを求めなさい。

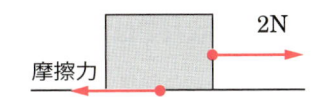

解説 右向きに2Nの力を加えても動かなかったということは，逆向きに力がはたらいていることを示します。この物体にはたらく水平方向の力は，加えた力をのぞくと**摩擦力**だけです。

そこで，摩擦力を f [N] として図に表します。

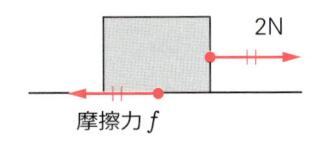

物体が**静止**しているので，**力のつり合い**より，

$$f = 2$$
$$\leftarrow = \rightarrow$$

摩擦力 f の大きさは，2Nであることがわかります。

答 2N

10 力の種類

◎力の種類

力には，大きく分けて「**遠くからはたらく力**」と「**触れてはたらく力**」の2種類があります。

◎遠くからはたらく力

重力はその物体に触れていないのにはたらく不思議な力です。
重力の大きさは，次の公式で示されます。

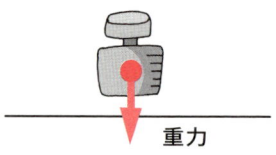

> 重力の式　$W = mg$〔N〕　　重力 ＝ 質量 × 重力加速度

力学の問題では，はじめに，重力を表す矢印を物体の中心から引きましょう。
物理では**物体にはたらく重力の大きさを重さ**といいます。質量（p.46 を見てください）と重さはちがう意味をもつので，注意が必要です。

◎触れてはたらく力

重力以外の力は，他の物体と触れたところから矢印を伸ばします。
この触れてはたらく力には，次のような種類のものがあります。

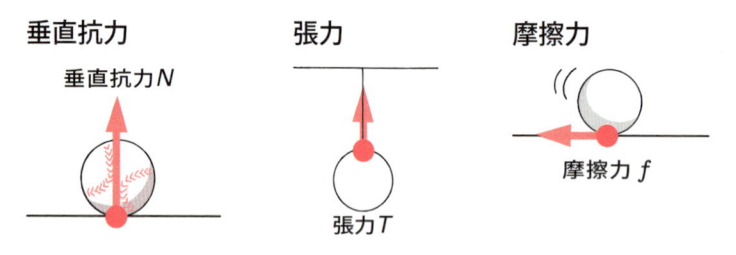

垂直抗力　　　**張力**　　　**摩擦力**

垂直抗力 N　　張力 T　　摩擦力 f

ばねの力（弾性力）

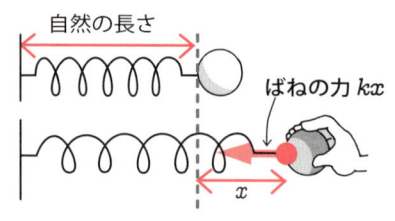

自然の長さ　　ばねの力 kx

ばねの力には，伸びに比例して大きくなるという性質（**フックの法則**）があります。
変形したばねがもとの長さに戻ろうとする性質を**弾性**といいます。また，そのときにはたらく力を**弾性力**といいます。

ばねの力(弾性力)の大きさは，次の公式で示されます。

> ばねの力の式　　$F = kx$ 〔N〕　　弾性力 ＝ ばね定数 × ばねの伸び

k を**ばね定数**といい，k が大きいほどかたいばねであることを示します。

◎作用・反作用の法則

次の図のように黒板に力を加えると，手が痛くなりますよね。物体 A から物体 B に力 F（作用）がはたらくとき，物体 B から物体 A にも同一直線上で逆向きに同じ大きさの力 $-F$（反作用）がはたらきます。これを**作用・反作用の法則**といいます。

黒板の立場
人から黒板が受ける力 $F_{黒板}$

人の立場
黒板から人が受ける力 $F_人$

作用・反作用の力は，2 つの物体にそれぞれはたらく力で，必ず作用と反作用のペアで現れます。
力のつり合いと混同してしまうまちがいが多いので，注意してください。

練習問題

問題 ❶ 次の物体 A，B にはたらく力 $F_1 \sim F_6$ のなかから，作用・反作用の関係にあるペアをすべて選んで答えなさい。ただし矢印の長さはすべて同じにしてあり，それぞれの力の大きさを表してはいません。

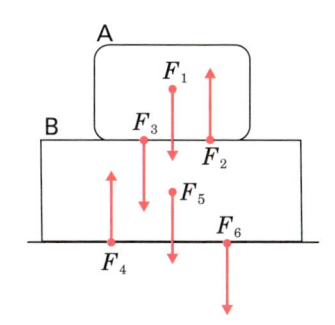

解答・解説は次のページ

練習問題 の解説

> **問題 ①** 次の物体 A, B にはたらく力 $F_1 \sim F_6$ のなかから，作用・反作用の関係にあるペアをすべて選んで答えなさい。ただし矢印の長さはすべて同じにしてあり，それぞれの力の大きさを表してはいません。

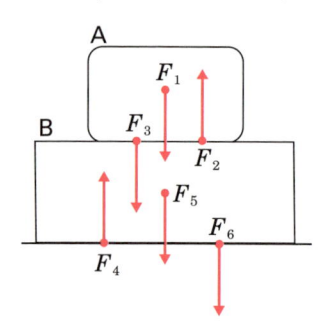

解説 作用・反作用の力を見つけるコツは，**力を言葉で説明すること**です。

F_2 は「物体 B から物体 A が押される力」です。
対して F_3 は「物体 A から物体 B が押される力」です。
これらの力は**作用・反作用の関係**にあります。

また F_4 は「地面から物体 B が押される力」です。
対して F_6 は「物体 B から地面が押される力」です。
これらも**作用・反作用の関係**にあります。

答 F_2 と F_3，F_4 と F_6

さて，この問題の図で，**力のつり合いの関係にある力**も考えてみましょう。
物体 A において力のつり合いの関係式をつくってみると，

$$F_2 = F_1$$
$$\uparrow = \downarrow$$

となります。

F_2 を言葉で説明すると,「**物体 B** から**物体 A** が押される力」となります。
また F_1 は重力なので,いいかえると「**地球**から**物体 A** が引かれる力」です。
このように力のつり合いは,1つの**物体 A** にはたらく力で成り立っています。

次に物体 B においては,

$$F_4 = F_3 + F_5$$
$$\uparrow = \quad \downarrow$$

となります。

これも言葉で説明すると,

F_4：地面から**物体 B** が押される力
F_3：物体 A から**物体 B** が押される力
F_5：地球から**物体 B** が引かれる力

となります。

このことからも,つり合っている力は,物体 B にはたらく力でできていることがわかりますね。

11 力の見つけ方

力は目には見えませんが，2種類の力を知っていると，簡単に見つけることができます。
物体にはたらく力を見つけるときには，次の3ステップで見つけていきましょう。

力の見つけ方の 3 ステップ解法

❶ 顔をかいて，注目する物体になりきる
❷ 重力をかく
❸ 触れてはたらく力をかく

例題 床に物体を置いて，図のように糸をつけて上向きに引っ張っています。この物体はこの状態で静止しています。この物体にはたらく力をすべてかきなさい。

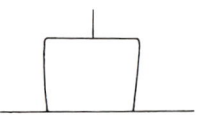

解説 力の見つけ方の3ステップ解法を使いましょう。

❶ **顔をかいて，注目する物体になりきる**
　顔をかく作業をとおして，この物体に注目して，物体の気持ちになるという意味があります。

❷ **重力をかく**
　まず重力の矢印を物体の中心から引きましょう。

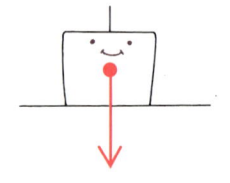

❸ **触れてはたらく力をかく**

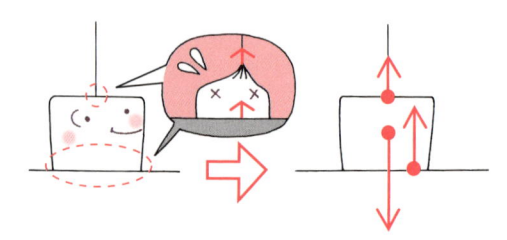

物体に触れているところは,「足もとの床(垂直抗力 N)」と「頭の糸(張力 T)」です。

自分の髪の毛を上に引っ張られながら,地面の上に立っているところを想像すると,頭が上に引っ張られ,また足は床から上に押されて痛くなることが想像できますね。

このように物体になりきると,物体にはたらく力の向きがわかりやすくなります。

答 右図

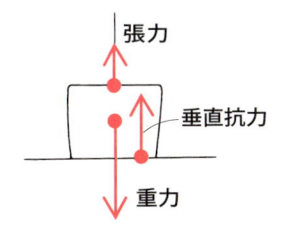

練習問題

問題 ❶ 次の問いに答えなさい。ただし,重力加速度は $9.8\,\mathrm{m/s^2}$ とします。なお,この問題では有効数字は考えなくてもかまいません。

(1) 水平な床の上においた質量 $1.5\,\mathrm{kg}$ のペットボトルにはたらく力をすべてかき,大きさも表記しなさい。

(2) 質量 $0.4\,\mathrm{kg}$ のおもりを糸につるしました。おもりにはたらく力をすべてかき,大きさも表記しなさい。

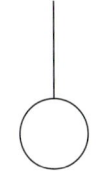

解答・解説は次のページ

練習問題 の解説

> 問題 ❶ 次の問いに答えなさい。ただし，重力加速度は $9.8\,\mathrm{m/s^2}$ とします。なお，この問題では有効数字は考えなくてもかまいません。
>
> (1) 水平な床の上においた質量 $1.5\,\mathrm{kg}$ のペットボトルにはたらく力をすべてかき，大きさも表記しなさい。
>
> (2) 質量 $0.4\,\mathrm{kg}$ のおもりを糸につるしました。おもりにはたらく力をすべてかき，大きさも表記しなさい。

解説 (1)，(2)ともまとめて**力の見つけ方の3ステップ解法**を用いて，物体にはたらく力をすべて見つけましょう。

❶ 顔をかいて，注目する物体になりきる

❷ 重力をかく

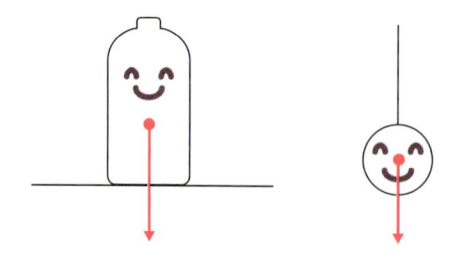

❸ 触れてはたらく力をかく
　触れている場所は，次のポイント！

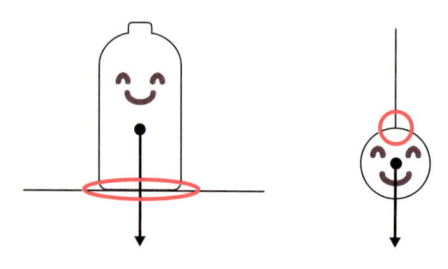

56

(1)について：地面の上に立っていると足が痛くなります。
これは足が床から押されているからですね。
(2)について：髪の毛を上に引っ張られると，頭皮は上に引っ張られますね。
よって，力の向きは次のようになります。

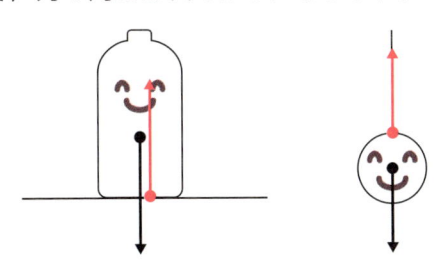

これで力をすべて見つけることができました。
それでは次に，力の大きさを(1)から求めていきます。

(1) まず**重力 W** の大きさを求めます。重力はその公式より，$W = mg$ なので，

$$1.5 \times 9.8 = 14.7\,\text{N}$$

となります。重力 W が 14.7 N なら，それを支える垂直抗力 N も力のつり合いから 14.7 N であることがわかります。

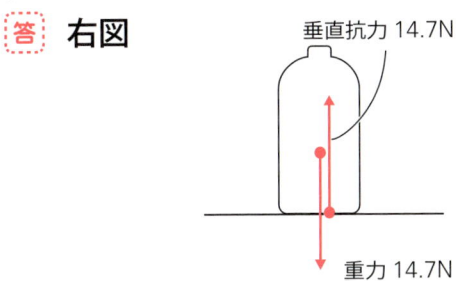

答 右図

垂直抗力 14.7N
重力 14.7N

(2) (1)と同様に**重力 W** の大きさを求めましょう。$W = mg$ なので，

$$0.4 \times 9.8 = 3.92\,\text{N}$$

であることがわかります。よってこの重力を支えるための張力 T も，力のつり合いから 3.92 N となります。

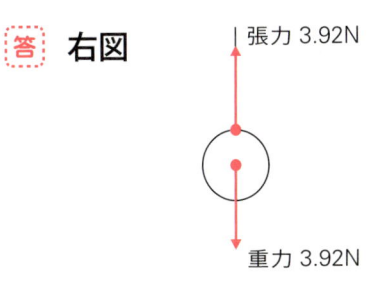

答 右図

張力 3.92N
重力 3.92N

12 使いこなす！運動方程式

力と運動に関する問題は，次の3ステップで解いていきましょう。

力と運動の3ステップ解法

❶ 注目する物体にはたらく力をすべてかく
❷ 静止・等速なのか，加速なのかを調べる
❸ 静止・等速 ➡ 「力のつり合い」，加速 ➡ 「$ma = $ 残った力」

例題 質量が 0.50 kg の物体に糸をつけて，鉛直上向きに 6.0 N の力で引っ張ると，この物体は加速しはじめました。このときの加速度を求めなさい。

解説 ❶ 注目する物体にはたらく力をすべてかく

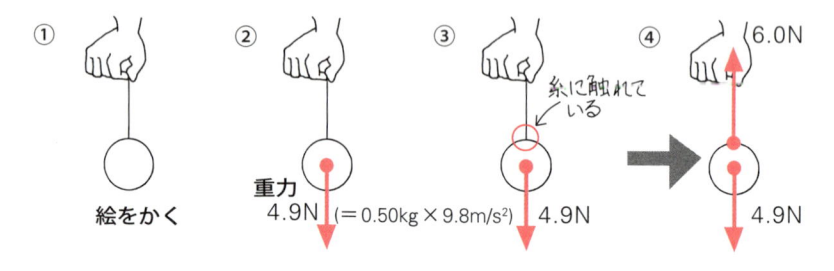

① 絵をかく
② 重力 4.9 N （= 0.50 kg × 9.8 m/s²）
③ 糸に触れている 4.9 N
④ 6.0 N，4.9 N

❷ 静止・等速なのか，加速なのかを調べる

このとき2つの力を合成すると，力は上向きのほうが大きいので，上向きの力が残ります。つまり物体は上向きに加速します。

❸ 静止・等速 ➡ 「力のつり合い」，加速 ➡ 「$ma = $ 残った力」

加速している場合は，運動方程式に代入しましょう。運動方程式のポイントは，右辺の F に「残った力」を代入するところにあります。

$$ma = 残った力$$

0.50   6 − 4.9

これを加速度 a について解きましょう。

答 鉛直上向きに 2.2 m/s²

例題 重さ2Nの物体に糸をつけ、天井からつるして静止させました。このときの、糸の張力を求めなさい。

解説

❶ 注目する物体にはたらく力をすべてかく

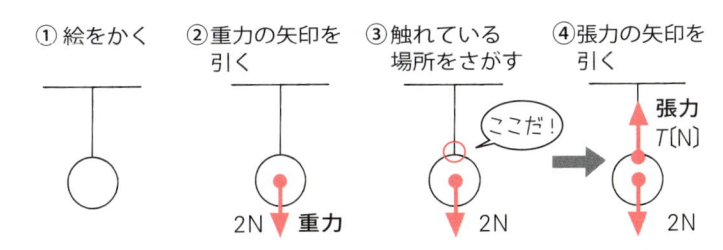

① 絵をかく　② 重力の矢印を引く　③ 触れている場所をさがす　④ 張力の矢印を引く

❷ 静止・等速なのか、加速なのかを調べる

問題文のように、物体は静止しています。

❸ 静止・等速 ⇨「力のつり合い」、加速 ⇨「$ma = $残った力」

物体が静止しているので、上と下の力の大きさが等しくなっているはずです。力のつり合いの式をたてましょう。

$T = 2$

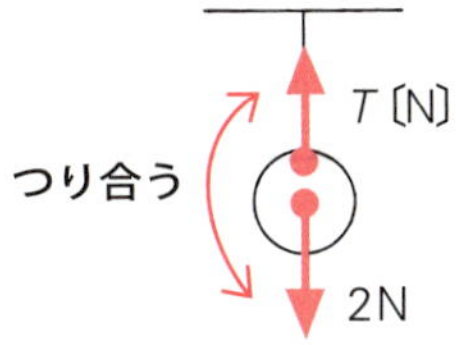

答 2N

練習問題

問題 ❶ 質量0.50kgのおもりに、糸をつけてもっています。重力加速度を$9.8\,\text{m/s}^2$として、次の各問いに答えなさい。

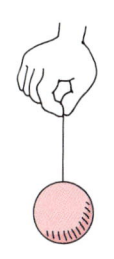

(1) おもりが静止しているとき、糸の張力の大きさは何Nですか。

(2) おもりを加速度$2.4\,\text{m/s}^2$で加速させながら引き上げました。おもりにはたらく張力の大きさは何Nですか。

(3) おもりを一定の速度$1.5\,\text{m/s}$で引き上げました。このときの張力の大きさは何Nですか。

(4) おもりを下向きに加速度$1.4\,\text{m/s}^2$で下降させました。このときの張力の大きさは何Nになりますか。

解答・解説は次のページ

練習問題 の解説

> **問題 ①** 質量 0.50 kg のおもりに，糸をつけてもっています。重力加速度を 9.8 m/s² として，次の各問いに答えなさい。
> (1) おもりが静止しているとき，糸の張力の大きさは何 N ですか。
> (2) おもりを加速度 2.4 m/s² で加速させながら引き上げました。おもりにはたらく張力の大きさは何 N ですか。
> (3) おもりを一定の速度 1.5 m/s で引き上げました。このときの張力の大きさは何 N ですか。
> (4) おもりを下向きに加速度 1.4 m/s² で下降させました。このときの張力の大きさは何 N になりますか。

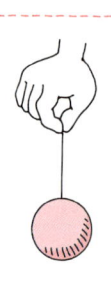

解説 (1) 力と運動の3ステップ解法を使いましょう。

❶ 注目する物体にはたらく力をすべてかく

❷ 静止・等速なのか，加速なのかを調べる
　問題文のように，物体は静止しています。

❸ 静止・等速 ⇒「力のつり合い」
　加速 ⇒「$ma = $ 残った力」

$$T = 4.9$$
（↑）＝（↓）

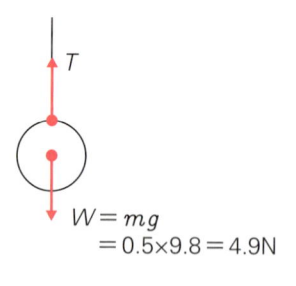

T
$W = mg$
$= 0.5 \times 9.8 = 4.9\text{N}$

答 4.9 N

(2) ❶ 注目する物体にはたらく力をすべてかく

❷ 静止・等速なのか，加速なのかを調べる
　問題文より，上向きに加速しています。

T
$a = 2.4\text{m/s}^2$
$W = 4.9\text{N}$

❸ 静止・等速 ⇒「力のつり合い」
　加速 ⇒「$ma = $ 残った力」

上向きに加速しているので，運動方程式から考えると，「上向きに力が残っている」ことがわかります。

よって，右のように張力のほうが大きくなっていると考えられます。

それでは，運動方程式をたてましょう。

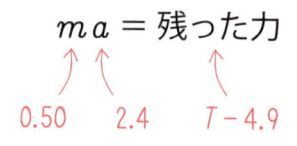

T
$a = 2.4\text{m/s}^2$
$W = 4.9\text{N}$

$$ma = 残った力$$
　　0.50　2.4　$T - 4.9$

この式を T について解くと，$T = 6.1\text{N}$ となります。

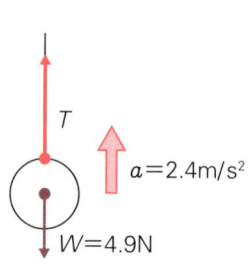

答 6.1 N

12 使いこなす！運動方程式

(3) ❶ 注目する物体にはたらく力をすべてかく

❷ 静止・等速なのか，加速なのかを調べる
問題文より，一定の速度で，つまり等速で運動をしています。

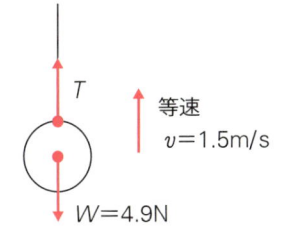

❸ 静止・等速⇒「力のつり合い」
加速⇒「$ma =$ 残った力」
等速度運動では，力のつり合いの式をたてましょう。
運動方程式ではないことに注意が必要ですね。

$$T = 4.9$$
↑ ＝ ↓

答 **4.9 N**

(4) ❶ 注目する物体にはたらく力をすべてかく

❷ 静止・等速なのか，加速なのかを調べる
問題文より，下向きに加速しています。

❸ 静止・等速⇒「力のつり合い」
加速⇒「$ma =$ 残った力」
下向きに加速しているということは，運動方程式から考えると，「下向きに力が残っている」ということです。
よって，右の図のように重力のほうが大きいはずです。ただし，完全に手を離せば物体は加速度 9.8m/s^2 で落ちていくはずなので，張力は小さいながらも上向きにはたらいています。

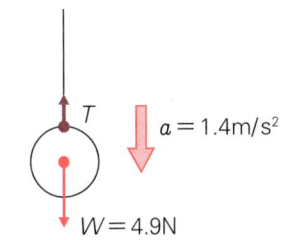

それでは運動方程式をたてましょう。

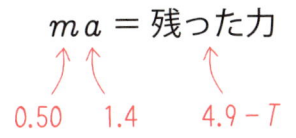

$$ma = 残った力$$
　　0.50　1.4　　4.9 − T

この式を T について解くと，$T = 4.2$ N となります。

答 **4.2 N**

第2章 力と運動

13 運動方程式の応用① 力の分解

◎ベクトルの分解

力は向きと大きさをもつ**ベクトル**です。ベクトルは次の3ステップで分解できます。

ベクトルの分解の3ステップ解法

❶ 矢印の始点から分解したい方向に x 軸，直交する方向に y 軸を引く
❷ 矢印が長方形の対角線となるように長方形をつくる
❸ 2本の矢印に分解する

例題 質量1kgの台車を水平面から30°上向きに5.0Nの力で引っ張ると，水平方向に加速をはじめました。加速度の大きさを求めなさい。

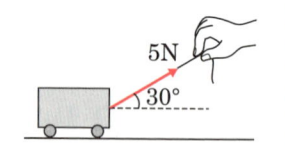

解説 物体が動くので，運動方程式により，水平方向にはたらく力が残っているはずですね。そこで，**物体の運動方向に力を分解して考えましょう。**

❶ 矢印の始点から分解したい方向に x 軸，直交する方向に y 軸を引く

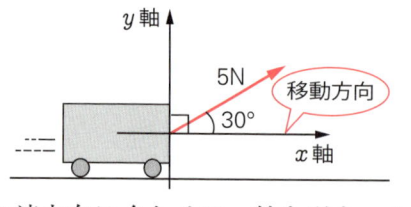

加速方向に合わせて x 軸を引き，それと直交するように y 軸を引きます。

❷ 矢印が長方形の対角線となるように長方形をつくる

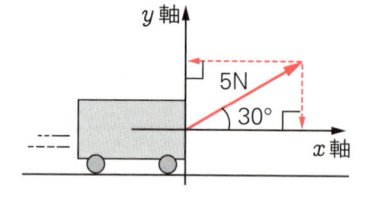

❸ 2本の矢印に分解する

分解したことによって運動が明らかになってきました。
右向きには物体は $5\cos30°$ の力に引かれて加速しているため，運動方程式をたてると右のようになります。
$\cos30° = \dfrac{\sqrt{3}}{2}$ なので，加速度 a は 4.3 m/s^2 となります。

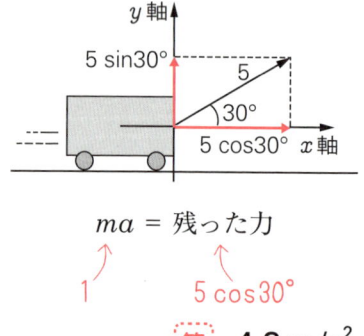

$ma = $ 残った力
　1　　$5\cos30°$

答 4.3 m/s^2

◎ sin, cos のおぼえ方

ここで突然でてきた sin（サイン）や cos（コサイン）を三角関数といいます。それぞれ，次のようにおぼえておきましょう。

直角三角形の斜辺を A とすると，θ のついた辺の長さは「斜辺 $A \times \cos\theta$」になります。また，ついていない辺は，「斜辺 $A \times \sin\theta$」になります。

p.197「三角関数について」も参照してください。

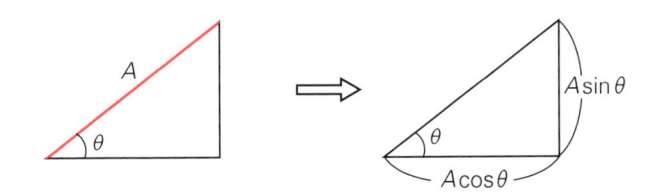

代表的な角度の sin, cos の値は，おぼえておきましょう。

θ	0°	30°	45°	60°	90°
$\sin\theta$	0	$\dfrac{1}{2}$	$\dfrac{1}{\sqrt{2}}$	$\dfrac{\sqrt{3}}{2}$	1
$\cos\theta$	1	$\dfrac{\sqrt{3}}{2}$	$\dfrac{1}{\sqrt{2}}$	$\dfrac{1}{2}$	0

練習問題

問題 ❶ 次の直角三角形の辺の長さ X, Y を求めなさい。ただし必要であれば，$\sqrt{3}$ を 1.73 として計算すること。(1)は，有効数字を 2 桁とします。

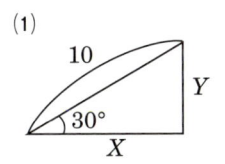

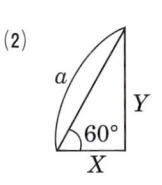

(1) 斜辺10，角度30°，辺 X, Y

(2) 斜辺 a，角度60°，辺 X, Y

問題 ❷ 次の力をそれぞれ x 軸方向と y 軸方向に分解したとき，それぞれの方向の力の大きさを作図して求めなさい。ただし，x 軸と y 軸は直交しています。なお，根号をはずす必要はありません。

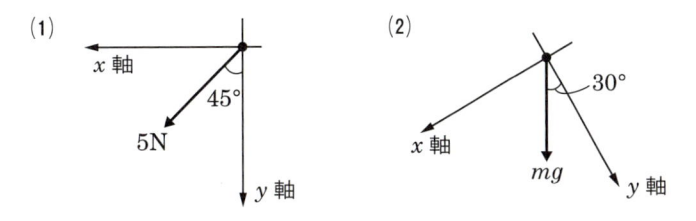

(1) 5N，45°

(2) mg，30°

解答・解説は次のページ

練習問題 の解説

> **問題 ❶** 次の直角三角形の辺の長さ X, Y を求めなさい。ただし必要であれば，$\sqrt{3}$ を 1.73 として計算すること。(1)は，有効数字を 2 桁とします。
>
> (1) 斜辺10，角度30°，底辺X，対辺Y
>
> (2) 斜辺a，角度60°，底辺X，対辺Y

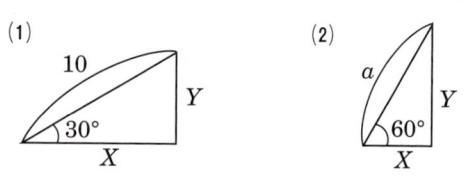

解説 (1) 斜辺上にはたらく力の分解は物理の基本作業です。斜辺と**与えられた角度をはさんでいる辺**は「斜辺 × cosθ」，もう一方の辺は「斜辺 × sinθ」と覚えて使っていきましょう。

$$X = 10\cos 30° = 10 \times \frac{\sqrt{3}}{2} = 5\sqrt{3} = 8.65 \fallingdotseq 8.7$$

$$Y = 10\sin 30° = 10 \times \frac{1}{2} = 5.0$$

答 $X = 8.7$, $Y = 5.0$

(2) (1)と同様に考えると，

$$X = a\cos 60° = a \cdot \frac{1}{2} = \frac{a}{2}$$

$$Y = a\sin 60° = a \cdot \frac{\sqrt{3}}{2} = \frac{\sqrt{3}}{2} \cdot a$$

となります。

文字式の場合は，a にどんな有効数字をもった数値が入るかわからないため，$\sqrt{3}$ は近似値にしないでそのまま残しましょう。

答 $X = \dfrac{a}{2}$, $Y = \dfrac{\sqrt{3}}{2}a$

13 運動方程式の応用① 力の分解

問題 ❷ 次の力をそれぞれ x 軸方向と y 軸方向に分解したとき，それぞれの方向の力の大きさを作図して求めなさい。ただし，x 軸と y 軸は直交しています。なお，根号をはずす必要はありません。

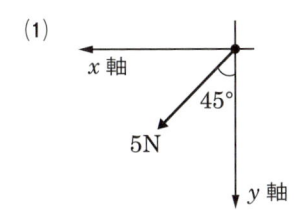

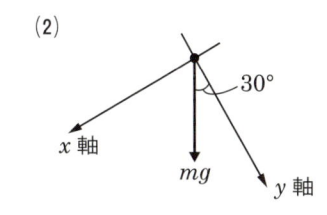

(1) [図：x軸が左向き，y軸が下向き，5Nの力が45°方向]

(2) [図：x軸が左下向き，y軸が右下向き，mgが下向き，30°]

解説 (1) ベクトルの分解の3ステップ解法を使って，力を分解していきましょう。ステップ❶の軸の作図については問題で与えられているので，❷からはじめます。

❷ 矢印が長方形の対角線となるように長方形をつくる

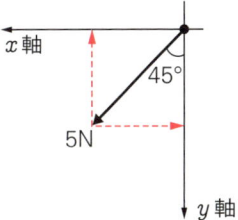

❸ 2本の矢印に分解する

$5\sin45° = \dfrac{5\sqrt{2}}{2}$

$5\cos45° = \dfrac{5\sqrt{2}}{2}$

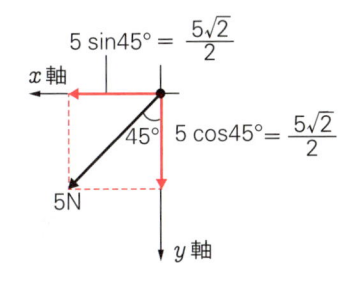

答 x 軸方向：$\dfrac{5\sqrt{2}}{2}$ N

y 軸方向：$\dfrac{5\sqrt{2}}{2}$ N

(2) (1)と同様に，ベクトルの分解の3ステップ解法を使って，力を分解していきましょう。

❷ 矢印が長方形の対角線となるように長方形をつくる

今回は x 軸，y 軸にしたがうため長方形が斜めになります。斜面上の運動を扱うときに，このような分解をよく行います。

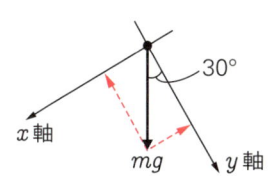

❸ 2本の矢印に分解する

$mg\sin30° = \dfrac{1}{2}mg$

$mg\cos30° = \dfrac{\sqrt{3}}{2}mg$

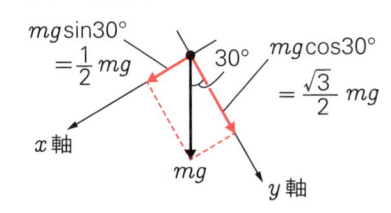

答 x 軸方向：$\dfrac{1}{2}mg$

y 軸方向：$\dfrac{\sqrt{3}}{2}mg$

14 運動方程式の応用② 斜面上の運動

なめらかな斜面上を物体がすべっていくような問題についても，力を分解して考えていくことができます。ただし，**座標軸のとり方にポイントがあります**。

例題 角度 θ のなめらかな斜面上に，質量 m の物体を置いたところ，斜面上を加速しながらすべっていきました。この物体の加速度と，垂直抗力を求めなさい。

解説 このような問題は，力と運動の3ステップ解法を使って解いていきましょう。

❶ **注目する物体にはたらく力をすべてかく**

力はこのように，重力と垂直抗力の2つです。物体の加速方向は斜面方向ですが，2つの力は斜面方向を向いていません。そこで，力を分解してみましょう。

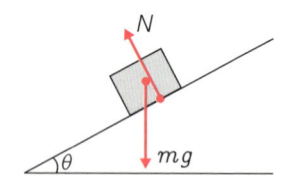

x 軸と y 軸の方向は左下の図のようにとります。**物体の動く方向に x 軸を伸ばして，それと直交するように y 軸を伸ばす**のがコツでしたね。右下の図のようにとってしまいがちなので注意が必要です。

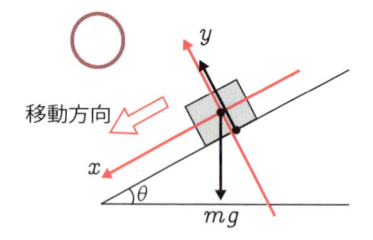

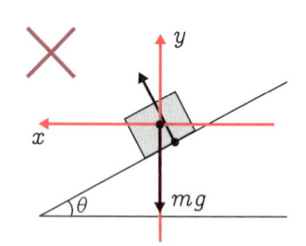

力を分解すると，次のようになります。

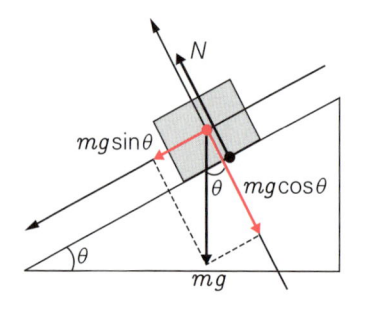

【参考】三角形 ABC と三角形 BDC に注目すると，どちらも直角三角形であり，相似の関係にあるので，角 BAC と角 DBC は等しくなります。

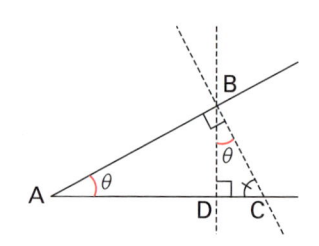

❷ 静止・等速なのか，加速なのかを調べる

斜面を傾けて，水平にしてみると何をすべきなのかがよくわかります。

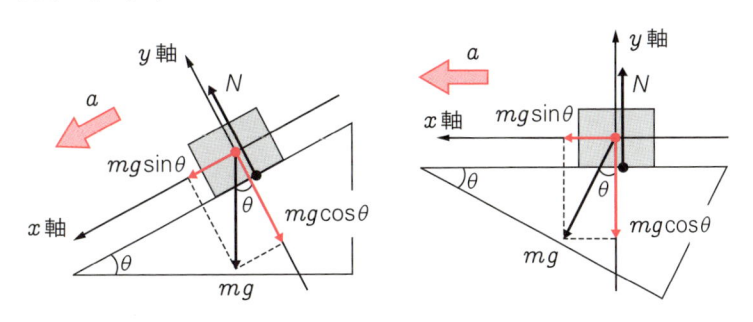

物体は斜面上をすべっていくので，x 軸方向に**加速**しています。つまり，この方向では**運動方程式**をつくります。

また，y 軸方向には物体は動いていませんね。つまり**静止**となり，この方向では**力のつり合いの式**をつくります。

❸ 静止・等速⇨「力のつり合い」，加速⇨「ma = 残った力」

x 軸方向：運動方程式　　ma = 残った力
　　　　　　　　　　　　　　↑　　　↑
　　　　　　　　　　　　　　m　$mg\sin\theta$

$ma = mg\sin\theta$ を a について解くと，次のようになります。

$$a = g\sin\theta$$

y 軸方向：力のつり合い　　$N = mg\cos\theta$
　　　　　　　　　　　　　　↑ = ↓

答 加速度：$g\sin\theta$，垂直抗力：$mg\cos\theta$

練習問題

問題 ❶ 右の図のように，水平面と 30° のなめらかな斜面上に，質量 2.0 kg の物体を置いて静かに手をはなしました。重力加速度を 9.8 m/s² として，次の問いに答えなさい。

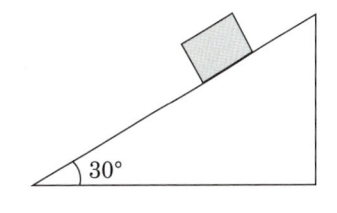

(1) 物体に生じる加速度の大きさを求めなさい。
(2) 同じ角度で摩擦のある斜面にこの物体を置いたところ，物体は静止を続けました。この物体にはたらく摩擦力の大きさを求めなさい。

解答・解説は次のページ

練習問題 の解説

> **問題 ❶** 右の図のように，水平面と 30°のなめらかな斜面上に，質量 2.0 kg の物体を置いて静かに手をはなしました。重力加速度を 9.8 m/s² として，次の問いに答えなさい。 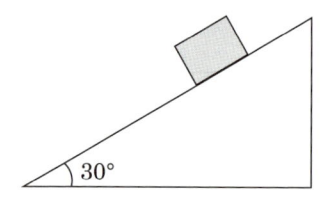
> (1) 物体に生じる加速度の大きさを求めなさい。
> (2) 同じ角度で摩擦のある斜面にこの物体を置いたところ，物体は静止を続けました。この物体にはたらく摩擦力の大きさを求めなさい。

解説 どちらの問題も，**力と運動の 3 ステップ解法**を使って解いていきましょう。

(1) ❶ 注目する物体にはたらく力をすべてかく

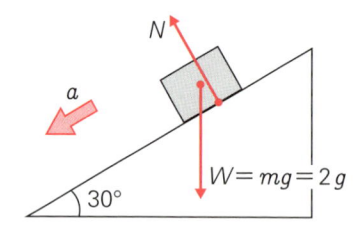

次に，移動方向に合わせて x 軸をとり，それに直交する y 軸をつくって力を分解してみましょう。

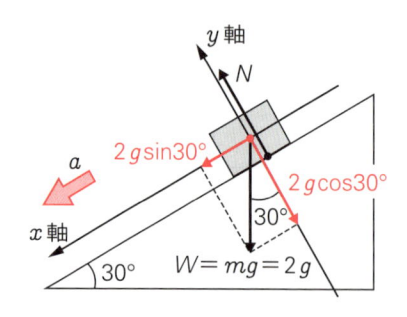

❷ 静止・等速なのか，加速なのかを調べる
　x 軸方向は加速，y 軸方向は等速です。

❸ 静止・等速 ⇨「力のつり合い」，加速 ⇨「$ma =$ 残った力」
　この問題で問われているのは加速度なので，x 軸方向の**運動方程式**をつくってみましょう。

$$x \text{ 軸方向} \quad ma = \text{残った力}$$

　　　　　　　　　　　↑　　　　　↑
　　　　　　　　　　　2　　　2$g \sin 30°$

これを加速度 a について解くと，$a = g\sin 30°$ となります。

これに $g = 9.8\,\mathrm{m/s^2}$，$\sin 30° = 0.5$ を代入すると，答えは $4.9\,\mathrm{m/s^2}$ となります。

答 $4.9\,\mathrm{m/s^2}$

(2) **力と運動の 3 ステップ解法で解いていきましょう。**

❶ **注目する物体にはたらく力をすべてかく**

力をすべてかき，力を分解します。**摩擦力があることに注意が必要です。**

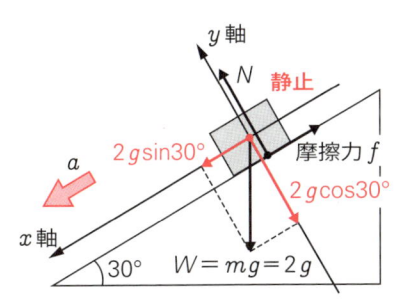

❷ **静止・等速なのか，加速なのかを調べる**

今回の物体は静止しているので，x 軸方向にも y 軸方向にも静止です。

❸ **静止・等速⇨「力のつり合い」，加速⇨「$ma =$ 残った力」**

今回はどちらの軸方向でも静止しているので，**力のつり合いの式をつくりましょう。**

この問題では摩擦力を求めたいので，x 軸方向の力のつり合いの式をつくります。

$$2g\sin 30° = f$$
$$(\leftarrow) \quad = \quad (\rightarrow)$$

これを解くと，$f = 9.8\,\mathrm{N}$ となります。

答 $9.8\,\mathrm{N}$

15 運動方程式の応用③ 2物体の運動

2つの物体が糸で結ばれながら運動する場合など，複数の物体が相互に力をおよぼしあう運動についてはどのように考えればよいのでしょうか。
ポイントは**物体の数だけ，1つずつ運動方程式や力のつり合いをつくっていく**ということです。

例題 図のように，質量 m_1 の物体Pと，質量 m_2 の物体Qを軽い糸で結び，さらに，物体Pにつけた糸を力 F で引っ張り上げました。このときの物体P，Qの加速度と，PとQをつないでいる糸の張力を求めなさい。

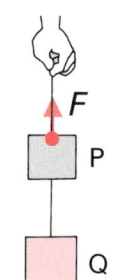

解説

❶ **注目する物体にはたらく力をすべてかく**

このような場合には，物体P，Qについて，まずべつべつに力を見つけていきます。

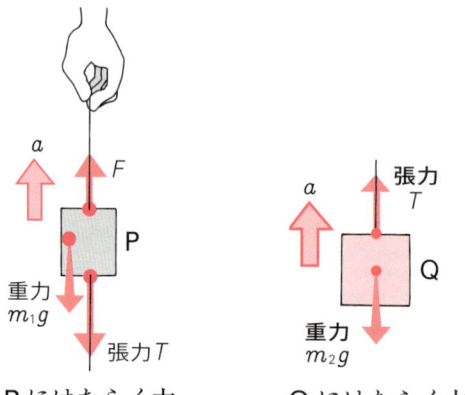

Pにはたらく力　　Qにはたらく力

次に，運動方程式をつくっていきます。PもQも同じ糸で結ばれて運動しているので，同じ加速度 a を使います。また，PとQにはたらく糸の両端の張力は同じなので，T としました。なぜ同じになるのかについては，p.198「糸の法則」を参照してください。

❷ **静止・等速なのか，加速なのかを調べる**

問題文から，2つの物体はどちらも加速していることがわかります。

❸ **静止・等速⇨「力のつり合い」，加速⇨「ma = 残った力」**

それでは，それぞれについて運動方程式をつくっていきましょう。どちらも上向きに加速しているので，上向きの力から下向きの力を引きます。

Pについて，
$$m a = 残った力 \quad \cdots Ⓐ$$
↑　　　↑
m_1　$F - m_1 g - T$

Qについて，
$$m a = 残った力 \quad \cdots Ⓑ$$
↑　　　↑
m_2　$T - m_2 g$

この 2 つの式から T を消去して，a について解きます。

まず，Ⓑを T について解きます。
$$T = m_2 a + m_2 g \qquad \cdots Ⓑ'$$
この T をⒶに代入します。
$$m_1 a = F - m_1 g - (m_2 a + m_2 g)$$
加速度 a を求めると，
$$a = \frac{F}{m_1 + m_2} - g$$
またこの a をⒷ′に代入して T を求めると，
$$T = \frac{m_2}{m_1 + m_2} F$$
となります。これで加速度 a と張力 T を求めることができました。

答　加速度：$\dfrac{F}{m_1 + m_2} - g$，張力：$\dfrac{m_2}{m_1 + m_2} F$

練習問題

問題 ① なめらかな水平面上に，質量 4.0 kg の物体 A と質量 5.0 kg の物体 B を乗せて糸でつなぎ，物体 A に水平方向に 18 N の力を加えました。このときの糸の張力の大きさ T〔N〕と，物体 A に生じる加速度の大きさ a〔m/s^2〕を求めなさい。

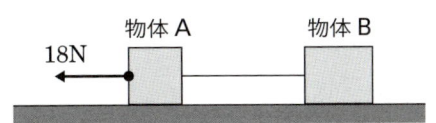

解答・解説は次のページ

練習問題 の解説

> **問題 ❶** なめらかな水平面上に，質量 4.0 kg の物体 A と質量 5.0 kg の物体 B を乗せて糸でつなぎ，物体 A に水平方向に 18 N の力を加えました。このときの糸の張力の大きさ T〔N〕と，物体 A に生じる加速度の大きさ a〔m/s²〕を求めなさい。

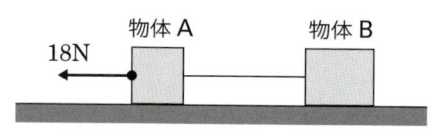

解説

❶ **注目する物体にはたらく力をすべてかく**

物体 A，物体 B にはたらく力をそれぞれかいてみましょう。

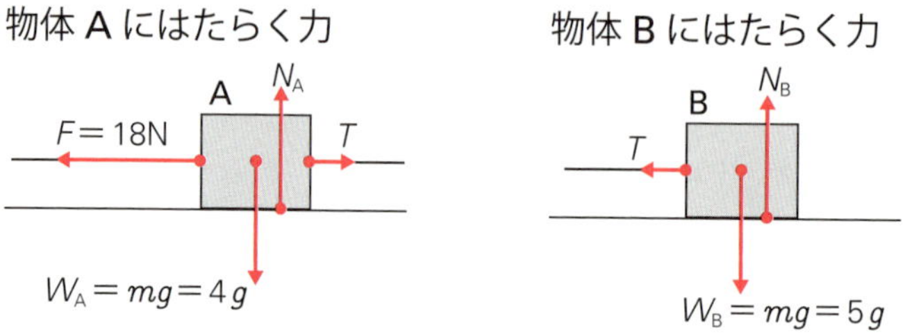

物体 A にはたらく力　　　　物体 B にはたらく力

❷ **静止・等速なのか，加速なのかを調べる**

どちらも，水平方向に加速します。

❸ **静止・等速 ⇨「力のつり合い」，加速 ⇨「$ma =$ 残った力」**

それでは水平方向の運動方程式をつくっていきましょう。

物体 A ： $ma =$ 残った力 … Ⓐ
　　　　　↑　　　　↑
　　　　　4　　　18 − T

物体 B ： $ma =$ 残った力 … Ⓑ
　　　　　↑　　　　↑
　　　　　5　　　　T

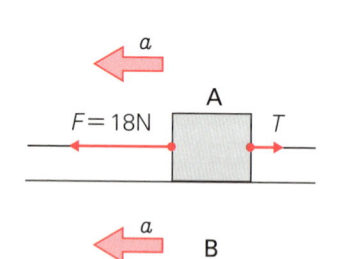

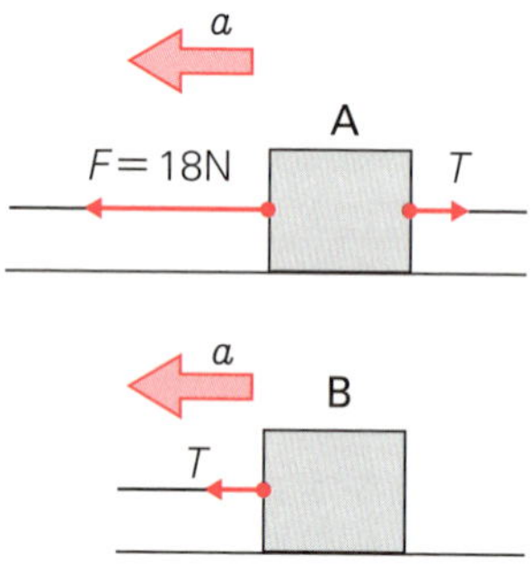

2 つの式を連立させて解きましょう。Ⓑの T をⒶに代入すると，

$$4a = 18 - 5a$$

これを加速度 a について解くと，2 m/s² となります。
また，Ⓑに $a = 2$ m/s² を代入すると，張力 T は 10 N となります。

答 $T = 10$ N, $a = 2.0$ m/s²

15 運動方程式の応用③ 2物体の運動

（別解）　加速度のみを求めたい場合には，物体 A，B を合わせて 1 つの大きな物体とみなして運動方程式をつくることもできます。

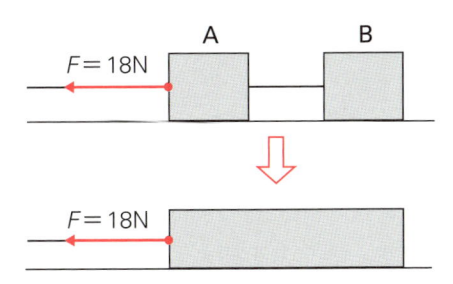

この場合，物体の質量は，A と B の和である 4 ＋ 5 ＝ 9 kg となります。運動方程式をつくると，

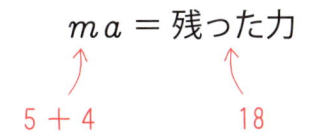

$$ma = 残った力$$

　　　↑　　　　　↑
　　5 ＋ 4　　　　18

これを解くと，加速度は 2 m/s² となります。

このようにして加速度を求めることもできますが，2 つの物体の間にはたらく張力について知りたい場合には，個別に運動方程式をつくる必要があります。

16 摩擦力の種類

物理基礎に登場する力のうち，最も複雑なのが摩擦力です。摩擦力には3つの種類があります。順に見ていきましょう。

◎ 3つの摩擦力

【①静止摩擦力】…静止

掃除のときに机を動かす場合を考えます。軽く力を加えても机は動きません。その力に応じた摩擦力がはたらくためです。この摩擦力のことを静止摩擦力といいます。**静止摩擦力は一定ではなく，そのときどきによって変化します。**

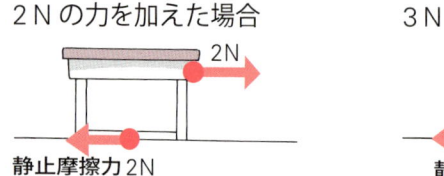

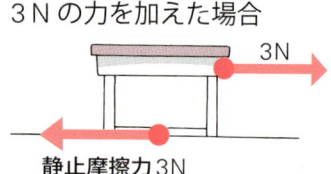

2Nの力を加えた場合　　　3Nの力を加えた場合

【②最大摩擦力(最大静止摩擦力)】…静止

静止摩擦力には限界があります。力を大きくしていくと，ついに机は動き出します。**この動き出すギリギリのときの摩擦力を最大摩擦力**や**最大静止摩擦力**といいます。

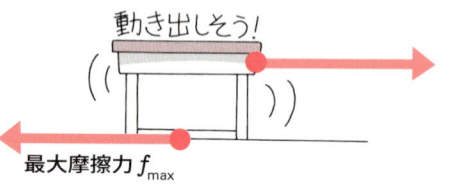

最大摩擦力は，物体と床の張りつき度合いを示す**垂直抗力 N** や，机の足と接している面の状態（これを**静止摩擦係数 μ**（ミュー）という）と関係があり，次のように表すことができます。

$$f_{max} = \mu N \ [N]$$
最大摩擦力 ＝ 静止摩擦係数 × 垂直抗力

【③動摩擦力】…運動

物体に加える力が最大摩擦力をこえると，物体は動きはじめます。動いているときの摩擦力は，物体の**運動にかかわらず常に一定になる**ことが経験的にわかっています。
このときの摩擦力を**動摩擦力**といいます。

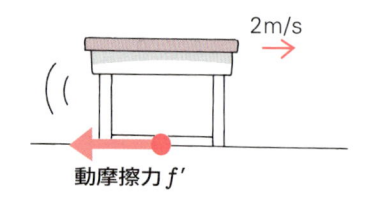

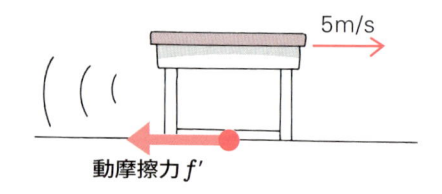

動摩擦力は，次の式で表されます。

$$f' = \mu' N \, [\text{N}]$$
$$\text{動摩擦力} = \text{動摩擦係数} \times \text{垂直抗力}$$

μ' を**動摩擦係数**といい，静止摩擦係数と同じように面の状態によります。

ただし，**動摩擦係数 μ' は静止摩擦係数 μ に比べて小さい値**です。つまり，動いているときのほうが，動き出す直前よりも，摩擦力が小さくなります。

◎ 3つの摩擦力とグラフ

3種類の摩擦力と物体の状態について，グラフにまとめました。このグラフを頭の中に入れておきましょう。

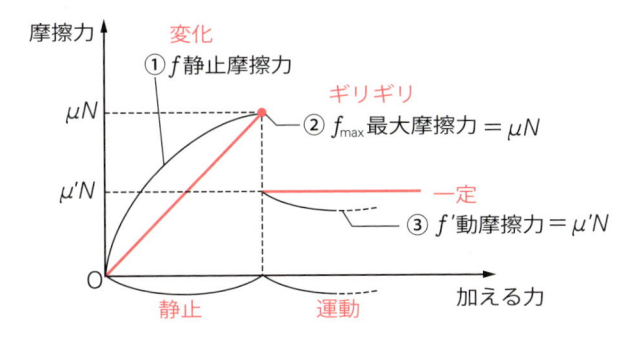

練習問題

問題 ❶ 質量 5.0 kg の物体を，あらい床の上に置きました。重力加速度を 9.8 m/s^2，静止摩擦係数を 0.80，動摩擦係数を 0.20 として，次の問いに答えなさい。

(1) この物体にひもをつけて，右向きに 3.0 N の力で引っ張ったところ，物体は動きませんでした。このときの，物体にはたらく摩擦力の向きと大きさを求めなさい。

(2) この物体を左向きに 6.0 N の力で引っ張ったところ，物体は動きませんでした。このときの，物体にはたらく摩擦力の向きと大きさを求めなさい。

(3) 物体が動きはじめるのは，物体に何 N よりも大きな力を加えたときですか。

(4) 物体に大きな力を加えたところ，物体は動きはじめ，そのまま動き続けました。このとき物体にはたらく摩擦力の大きさはいくらですか。

解答・解説は次のページ

練習問題 の解説

問題 ❶ 質量 5.0 kg の物体を，あらい床の上に置きました。重力加速度を 9.8 m/s²，静止摩擦係数を 0.80，動摩擦係数を 0.20 として，次の問いに答えなさい。

(1) この物体にひもをつけて，右向きに 3.0 N の力で引っ張ったところ，物体は動きませんでした。このときの，物体にはたらく摩擦力の向きと大きさを求めなさい。

(2) この物体を左向きに 6.0 N の力で引っ張ったところ，物体は動きませんでした。このときの，物体にはたらく摩擦力の向きと大きさを求めなさい。

(3) 物体が動きはじめるのは，物体に何 N よりも大きな力を加えたときですか。

(4) 物体に大きな力を加えたところ，物体は動きはじめ，そのまま動き続けました。このとき物体にはたらく摩擦力の大きさはいくらですか。

解説 摩擦力のグラフを見ながら解いていきましょう。

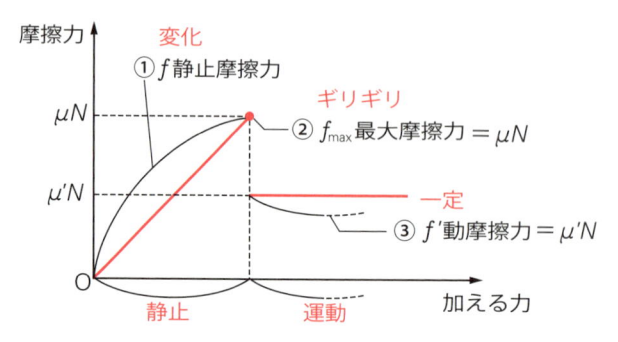

グラフ：
- 縦軸：摩擦力
- 横軸：加える力
- ① f 静止摩擦力（変化）
- ② f_{max} 最大摩擦力 $= \mu N$（ギリギリ）
- ③ f' 動摩擦力 $= \mu' N$（一定）
- 静止 / 運動

(1)「摩擦力の公式 μN を使おう」と考えた人は残念ながらまちがいです。物体は**動いていませんが，動き出す直前の状態でもありません。**

この問題では，摩擦力のグラフの①**静止摩擦力**が問われています。このとき，物体には「引っ張った力」とつり合う「摩擦力」の矢印が反対向きに伸びます。よって，答えは左向きに 3.0 N です。

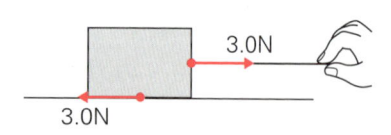

このように，すぐに公式を使おうとしてまちがえる人が続出するのが摩擦力の問題です。気をつけましょう。　**答** 向き：左向き　大きさ：3.0 N

(2) (1)と同じく**物体は動いていないので，グラフ①の静止摩擦力**が問われています。今度は，物体は(2)とは逆の左向きに引っ張られているので，摩擦力の矢印は右に伸びます。

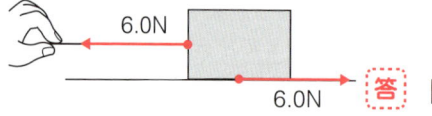

答 向き：右向き　大きさ：6.0 N

(3) 物体が動きはじめる直前の力を問われているので，グラフの②**最大静止摩擦力**が問われています。やっと公式の登場です！
最大静止摩擦力の公式を用いると，$f_{max} = \mu N$ になります。

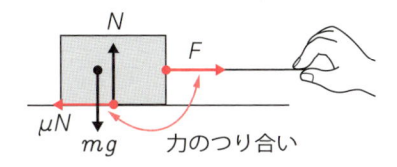

この限界の状態での**力のつり合い**の式をつくりましょう。

$$\mu N = F \quad \cdots Ⓐ \qquad N = mg \quad \cdots Ⓑ$$
$$\leftarrow = \rightarrow \qquad\qquad \downarrow = \uparrow$$

Ⓑの N をⒶに代入して F を求めると，

$$F = \mu N = \mu \cdot mg$$

数値を代入すると，

$$F = 0.8 \times 5 \times 9.8 = 39.2 ≒ 39 \,\text{N}$$

答 **39 N**

(4) **動いている物体**にはたらく摩擦力は，グラフの③**動摩擦力**です。
動摩擦力の公式 $f' = \mu' N$ を用います。

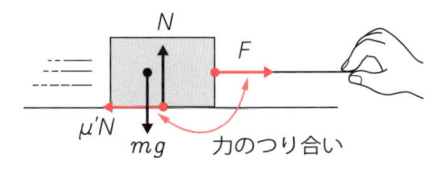

力のつり合いの式をつくりましょう。

$$\mu' N = F \quad \cdots Ⓒ \qquad N = mg \quad \cdots Ⓓ$$
$$\leftarrow = \rightarrow \qquad\qquad \downarrow = \uparrow$$

Ⓓの N をⒸに代入して，数値を入れていきましょう。

$$F = \mu' N = \mu' \cdot mg = 0.2 \times 5 \times 9.8 = 9.8 \,\text{N}$$

答 **9.8 N**

17 圧力と浮力

◎圧力の式

ベッドの上に寝転がった場合と、立ち上がった場合では、ベッドのへこみ方が異なります。これは、ベッド上で力のはたらいている面積が異なるからです。

そこで、1 m² あたりにはたらく力を考えます。これを圧力といいます。

圧力の単位には、N/m² または Pa を使います。1 N/m² と 1 Pa は、同じ圧力です。

$$p = \frac{F}{S} \text{〔N/m² または Pa〕} \quad 圧力 = \frac{力}{面積}$$

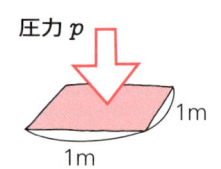

◎密度の式

密度(kg/m³)とは、1 m³ あたりの質量(kg)のことをいい、数式で表すと右のようになります。

$$\rho = \frac{m}{V} \text{〔kg/m³〕} \quad 密度 = \frac{質量}{体積}$$

◎気圧と水圧

地上にいる私たちは、**大気を構成する粒子から大きな力を受けています**。この**大気による圧力を気圧(大気圧)**といいます。気圧は地上では約 1013 hPa で、山に登るなどして高い場所にいくと、気圧は小さくなります。同じように、水中に入ると私たちの体は水から力を受けて押されます。深さ h〔m〕での水圧 $p_水$ は次のように表せます。

$$p_水 = \rho_水 h g + p_0 \text{〔Pa〕}$$

$\rho_水$ は水の密度を、p_0 は気圧を示します。地球上ではふつう、水面の上に大気があるので、p_0 をたしています。*この式のように、**水圧は深さに比例して大きくなります**(p.199を参照)。また、気圧や水圧は、さまざまな方向からはたらきます。

*教科書によっては $p_水 = \rho_水 h g$ となっていることもあります。

◎圧力と浮力

プールなどに入ると体が軽くなったように感じます。これは私たちの体が水から力を上向きに受けるためです。この力を浮力といいます。浮力の大きさは、次の式で示されます。

浮力の公式　　$F = \rho_水 V_{物体} g$〔N〕

78

$\rho_水 \times V_{物体}$は物体の体積と同じ量の水の質量 m を示すので，浮力 $= \rho_水 V_{物体} g = mg$ となり，**浮力はそこにあったはずの水の重さに等しい**ということになります。

これを**アルキメデスの原理**といいます。浮力の公式の導き方については，p.200「**浮力の公式の導き方**」を参照してください。

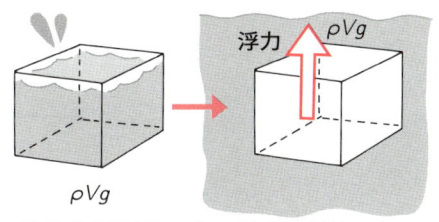

物体と同じ量の水の重さ＝浮力

浮力の公式のおぼえ方
老ブイ爺 $\rho_水 V_{物体} g$

練習問題

このページの練習問題では，水の密度は $1.0 \times 10^3 \text{ kg/m}^3$，重力加速度は 9.8 m/s^2，大気圧は $1.0 \times 10^5 \text{ Pa}$ とします。

問題 ❶ 水平な地面の上に 4.0 m^2 の板を置きました。この板の上にはたらく，大気圧による力の大きさを求めなさい。

問題 ❷ 水中で，深さ 35 m の位置での水圧は，大気圧も考えると何 Pa ですか。

問題 ❸ 次のように物体を水に沈めたときにはたらく，浮力の大きさを求めなさい。

① 6cm, 5cm, 10cm, 2cm
② 5cm, 6cm, 10cm

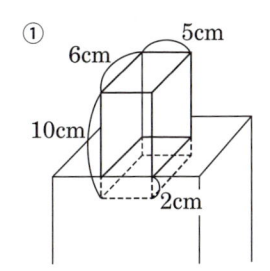

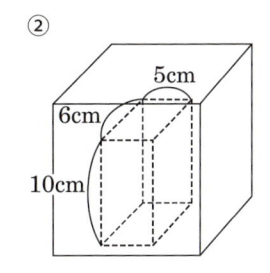

問題 ❹ 体積 $6.5 \times 10^{-5} \text{ m}^3$，質量 $50 \text{ g}(= 0.050 \text{ kg})$ の球が，図のようにビーカーの中で水中に糸で固定されています。このときの糸の張力の大きさを求めなさい。

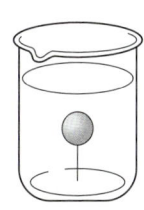

問題 ❺ 図のように，ばねはかりに糸をつけ，その先に質量 0.40 kg，体積 $5.0 \times 10^{-5} \text{ m}^3$ のおもりをつけて，水の入ったビーカーに入れました。ばねはかりは何 N を示しますか。

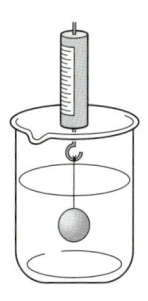

解答・解説は次のページ

練習問題 の解説①

> **問題 ❶** 水平な地面の上に 4.0 m² の板を置きました。この板の上にはたらく，大気圧による力の大きさを求めなさい。

解説 2つの方法で解いてみましょう。

〈数式を使った解き方〉

圧力の式 $p = \dfrac{F}{S}$ を F について解くと，**$F = pS$** となります。
p に 1.0×10^5 Pa，S に $4\,\text{m}^2$ を代入すれば，圧力による力 F は，

$$F = pS = 1.0 \times 10^5 \times 4 = 4.0 \times 10^5\,\text{N}$$

となります。

〈絵を使った解き方〉

絵を使って，イメージをしながら解いてみましょう。圧力とは **1 m² あたりにはたらく力**なので，地上の気圧が 1.0×10^5 Pa ということは，次のようなイメージとなります。

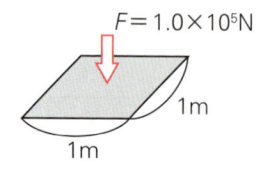

そこで $4\,\text{m}^2$ の板をイメージすれば，4倍の力がはたらくことになるはずです。

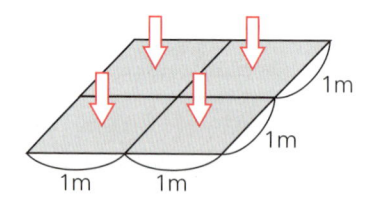

よって答えは，

$$F = 1.0 \times 10^5 \times 4 = 4.0 \times 10^5\,\text{N}$$

となります。

どちらの解き方でもかまいませんが，物理が苦手な人はなんとか数式を暗記しておいて，数値を代入しながら解こうとしている人が多いはず。そんな人はぜひ絵をかきながら考えられるようにしてください。

答 4.0×10^5 N

問題 ❷ 水中で,深さ 35 m の位置での水圧は,大気圧も考えると何 Pa ですか。

解説 水圧の公式に当てはめてみましょう。

$$p_水 = \rho_水 hg + p_0$$
$$= 1.0 \times 10^3 \times 35 \times 9.8 + 1.0 \times 10^5$$
$$= 3.43 \times 10^5 + 1.0 \times 10^5$$
$$= 4.43 \times 10^5$$
$$= 4.4 \times 10^5$$

となります。

答 4.4×10^5 Pa

数式だけで解いてしまいましたが,p.199「**水圧の公式の導き方**」をよく確認しておきましょう。ここでは,絵をかきながら水圧の公式がどのようにして導かれるのかについて説明しています。

問題 ❸ 次のように物体を水に沈めた場合にはたらく,浮力の大きさを求めなさい。

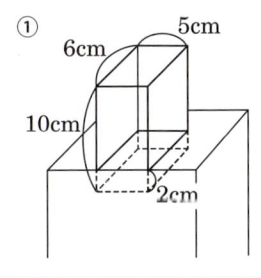

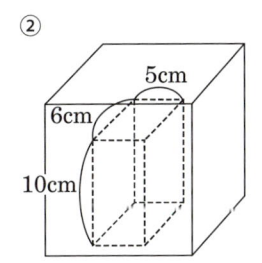

① 6cm 5cm 10cm 2cm

② 5cm 6cm 10cm

解説 **アルキメデスの原理**から浮力の大きさは,水に沈んでいる部分の体積に水の密度と重力加速度をかけることによって求めることができます。

① 水に沈んでいる部分の体積は,

$$V = 0.02 \times 0.05 \times 0.06$$
$$= 6.0 \times 10^{-5} \text{ m}^3$$

81

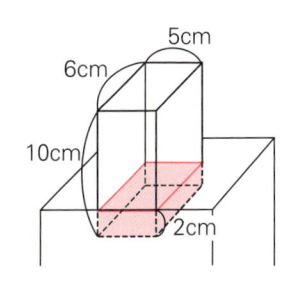

練習問題 の解説②

よって，浮力は，

$$F = \rho V g$$
$$= (1.0 \times 10^3) \times (6.0 \times 10^{-5}) \times 9.8$$
$$= 58.8 \times 10^{-2}$$
$$= 5.9 \times 10^{-1} \text{N}$$

答 5.9×10^{-1} N

② 水に沈んでいる部分の体積は，

$$V = 0.1 \times 0.05 \times 0.06$$
$$= 3.0 \times 10^{-4} \text{m}^3$$

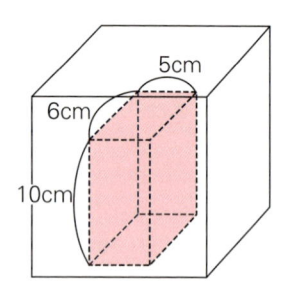

よって，浮力は，

$$F = \rho V g$$
$$= (1.0 \times 10^3) \times (3.0 \times 10^{-4}) \times 9.8$$
$$= 29.4 \times 10^{-1}$$
$$= 2.9 \text{N}$$

となります。

答 2.9 N

問題 ❹ 体積 6.5×10^{-5} m³，質量 50 g（= 0.050 kg）の球が，図のようにビーカーの中で水中に糸で固定されています。このときの糸の張力の大きさを求めなさい。

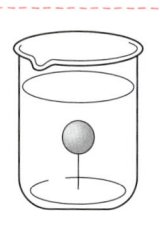

17 圧力と浮力

解説 まず，この球にはたらく力をすべてかいてみましょう。**力の見つけ方の3ステップ解法**を使います。

❶顔をかいて，注目する物体になりきる　**❷重力をかく**　**❸触れてはたらく力をかく**

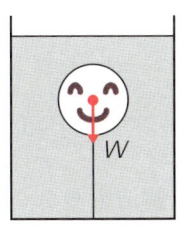

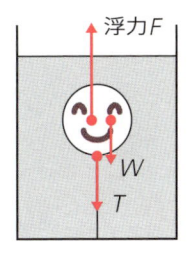

物体は液体の中にあるので，**浮力を忘れないようにしましょう。**

また，水圧もかきたいなと思うかもしれませんが，**水圧による力の合力が浮力なので，水圧はかく必要はありません。** ここも注意が必要なところです。

これで，力をすべて見つけることができました。重力は $W = mg$ より，

$$0.05 \times 9.8 = 0.49\,\text{N}$$

となります。

張力はわからないので T のままにしておきます。

また，浮力については公式 $F = \rho_水 V_{物体} g$ を使って求めると，

$$F = \rho_水 V_{物体} g = 1.0 \times 10^3 \times 6.5 \times 10^{-5} \times 9.8 = 0.637\,\text{N}$$

となります。

今回物体は**静止している**ので，**力のつり合いの式**をつくりましょう。

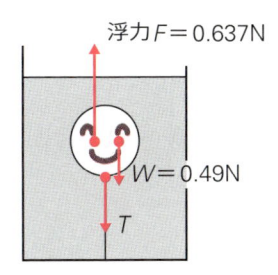

$$0.637 = T + 0.49$$
$$(\uparrow) = (\downarrow)$$

これを解くと，$T = 0.147\,\text{N}$ と求められます。

有効数字を考えると，答えは 0.15 N となります。

答 **0.15 N**

練習問題 の解説③

問題 ⑤ 図のように，ばねはかりに糸をつけ，その先に質量 0.40 kg，体積 5.0×10^{-5} m³ のおもりをつけて，水の入ったビーカーに入れました。ばねはかりは何 N を示しますか。

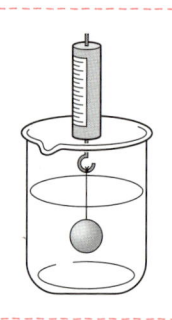

解説 力と運動の 3 ステップ解法を使って解きましょう。

❶ **注目する物体にはたらく力をすべてかく**
物体の重力を求めると，$W = mg$ より，

$$0.40 \times 9.8 = 3.92 \text{ N}$$

となります。
また，浮力を求めると $F = \rho V g$ より，

$$1.0 \times 10^3 \times 5.0 \times 10^{-5} \times 9.8 = 0.49 \text{ N}$$

となります。

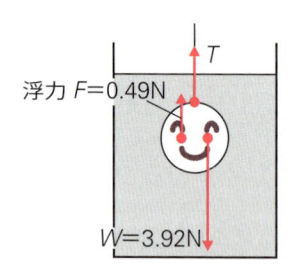

浮力 $F = 0.49$ N
T
$W = 3.92$ N

❷ **静止・等速なのか，加速なのかを調べる**
今回の物体は静止しています。

❸ **静止・等速 ⇨「力のつり合い」，加速 ⇨「$ma =$ 残った力」**
力のつり合いの式をつくりましょう。

$$T + 0.49 = 3.92$$
$$(\uparrow) \quad = \quad (\downarrow)$$

この式を解くと，張力 T は 3.43 N となります。
有効数字を考えると，答えは 3.4 N です。

答 3.4 N

応用問題 〈運動方程式〉

問題 1 図のように,なめらかな水平面上に置いてある質量 1.0 kg の物体 A に糸をつないで,質量 0.60 kg の物体 B を,滑車を通して糸でむすびました。物体 B をそっとはなすと,2つの物体は運動をはじめました。重力加速度を 9.8 m/s² として,以下の問いに答えなさい。

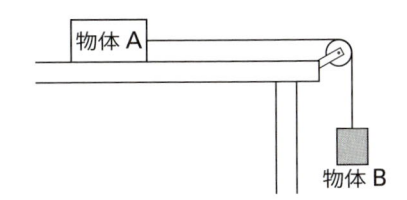

(1) 物体 A にはたらく垂直抗力の大きさを求めなさい。

(2) 物体 A の加速度の大きさを求めなさい。

(3) 糸の張力の大きさを求めなさい。

問題 2 あらい水平面の上に置かれた質量 5.0 kg の物体に,水平方向に 20 N の力を加え続けたところ,物体は加速しました。物体と水平面との動摩擦係数を 0.20,重力加速度を 9.8 m/s² として,次の問いに答えなさい。

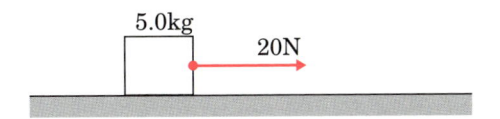

(1) 物体に生じる加速度の大きさを a 〔m/s²〕として,物体の運動方程式を示しなさい。

(2) 物体に生じる加速度の大きさ a は,何 m/s² ですか。

応用問題の解説①

問題 1 図のように，なめらかな水平面上に置いてある質量 1.0 kg の物体 A に糸をつないで，質量 0.60 kg の物体 B を，滑車を通して糸でむすびました。物体 B をそっとはなすと，2つの物体は運動をはじめました。重力加速度を 9.8 m/s² として，以下の問いに答えなさい。

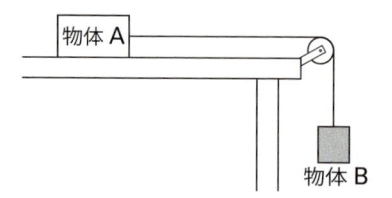

(1) 物体 A にはたらく垂直抗力の大きさを求めなさい。
(2) 物体 A の加速度の大きさを求めなさい。
(3) 糸の張力の大きさを求めなさい。

解説 (1), (2), (3)とも**力と運動の 3 ステップ解法**を使って解きましょう。

❶ **注目する物体にはたらく力をすべてかく**

物体 A, 物体 B にはたらく力をすべてかいてみましょう。

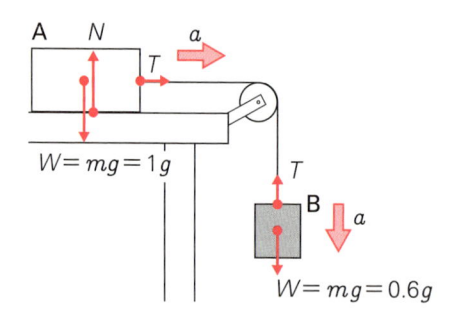

物体 A: N, T, $W = mg = 1g$
物体 B: T, $W = mg = 0.6g$

文字を置くときの工夫として，物体 A, B の間の張力を T という同じ文字にしています。また，糸につながったまま加速するので，加速度も物体 A, B で同じ文字 a で表しておきました。

❷ **静止・等速なのか，加速なのかを調べる**

❸ **静止・等速 ⇨「力のつり合い」，加速 ⇨「$ma = $ 残った力」**

〈運動方程式〉

A について：A は右向きには加速，上下方向には静止しています。よって右向きには**運動方程式**を，上下方向には**力のつり合い**の式をつくりましょう。

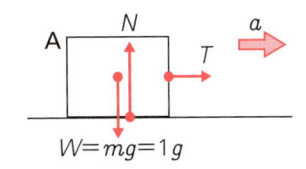

左右方向：運動方程式

$$ma = 残った力 \quad \cdots Ⓐ$$

↑1　　↑T

上下方向：力のつり合い

$$N = 1g \quad \cdots Ⓑ$$

↑ = ↓

B について：B は下向きに加速します。よって，下向きを正とした運動方程式をつくりましょう。

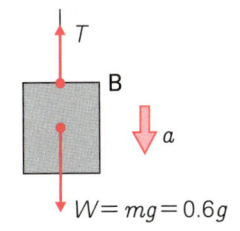

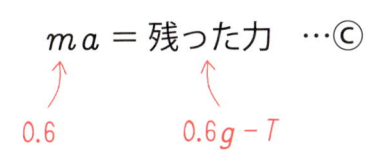

$$ma = 残った力 \quad \cdots Ⓒ$$

↑0.6　　↑0.6g − T

これで準備は完了です。

まず，(1)の垂直抗力 N について見てみます。Ⓑより，

$$N = 1 \times g = 9.8\,\text{N}$$

となります。

(2)加速度と(3)張力については，ⒶとⒸを連立させることによって解くことができます。ⒶのTをⒸに代入すると，

$$0.6a = 0.6g − a$$

これを a について解くと，$a = 3.675\,\text{m/s}^2$ となります。
また，この加速度を式Ⓐに代入すると，$T = 3.675\,\text{N}$ となります。
よって，有効数字で考えると，$a = 3.7\,\text{m/s}^2$，$T = 3.7\,\text{N}$ となります。

答 (1) 9.8 N　(2) 3.7 m/s²　(3) 3.7 N

第2章　力と運動

応用問題の解説②

問題2 あらい水平面の上に置かれた質量 5.0 kg の物体に，水平方向に 20 N の力を加え続けたところ，物体は加速しました。物体と水平面との動摩擦係数を 0.20，重力加速度を 9.8 m/s² として，次の問いに答えなさい。

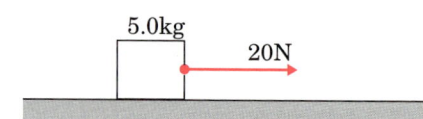

(1) 物体に生じる加速度の大きさを a [m/s²] として，物体の運動方程式を示しなさい。
(2) 物体に生じる加速度の大きさ a は，何 m/s² ですか。

解説 (1) **力と運動の3ステップ解法**で解きましょう。

❶ **注目する物体にはたらく力をすべてかく**

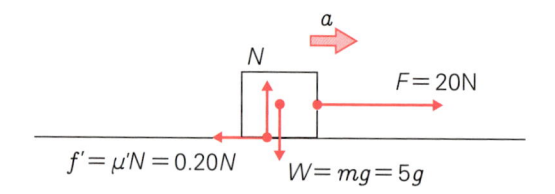

物体が右に加速していると仮定して，加速度を a としましょう。**物体が動いているときの摩擦力**は，動摩擦力 f' で，**常に一定**でした。
また，動摩擦力の公式は $f' = \mu' N$ でした。

❷ **静止・等速なのか，加速なのかを調べる**

❸ **静止・等速 ⇒「力のつり合い」，加速 ⇒「$ma = $ 残った力」**
水平方向：運動方程式
この物体は**右に加速**していると仮定しているので，右向きを正として**運動方程式**をつくります。

$$ma = 残った力$$
$$\uparrow \qquad \uparrow$$
$$5 \qquad 20 - 0.2N$$

$$5a = 20 - 0.2N \quad \cdots Ⓐ$$

〈運動方程式〉

上下方向：力のつり合い

次に，上下方向には物体は**静止している**ので，**力のつり合いの式**をつくります。

$$N = 5g \qquad \cdots Ⓑ$$
$$(\uparrow) = (\downarrow)$$

(1)で問われているのは運動方程式なのでⒶを答えとしたいところですが，垂直抗力 N はこちらで勝手に用意をしたものです。

そこで，ⒷのNの値を代入しておきましょう。また g には，9.8 m/s^2 を代入します。

$$5a = 20 - 0.2 \times 5 \times 9.8$$

これが答えです。

答 $5.0a = 20 - 0.20 \times 5.0 \times 9.8$

(2) (1)で求めた方程式を解くことによって求められます。

$$5a = 20 - 9.8$$
$$a = 2.04 \text{ m/s}^2$$

有効数字を考えると，$a = 2.0 \text{ m/s}^2$ となります。

答 2.0 m/s^2

18 仕事と仕事の原理

◎仕事とは？

物理量の**仕事** W は，次のように定義されています。

> 仕事の式　　$W = Fx$ 〔J〕　　仕事 ＝ 力 × 移動距離

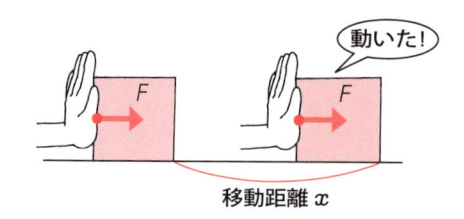

力を加えて物体が動いたということが大切です。仕事の単位には，**J（ジュール）** を使います。

また，仕事には**正の仕事**と**負の仕事**があります。

物体の動いた方向に対し，助けた力の仕事は正，摩擦力 f のように邪魔をした力の仕事は負，N や mg のように移動と関係ない垂直な方向を向いた力の仕事は 0 とカウントします。

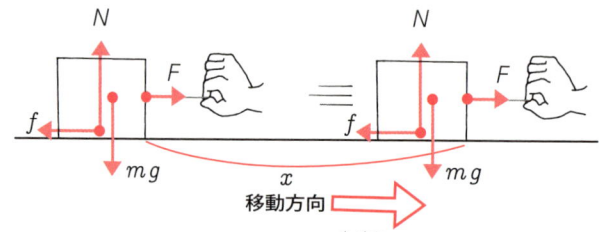

加えた力 F の仕事は（正），摩擦力 f の仕事は（負）
垂直抗力 N や重力 mg の仕事は 0

◎仕事の原理

ある物体を同じ 2m もち上げる場合，そのままもち上げても，坂道を使ってもち上げても仕事は変わりません。これを**仕事の原理**といいます。

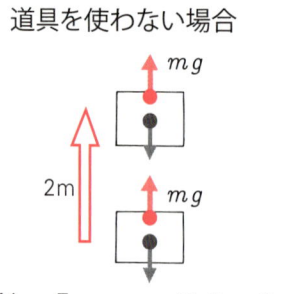

道具を使わない場合

仕事 $W = Fx = mg \times 2 = 2mg$

道具（坂道）を使う場合

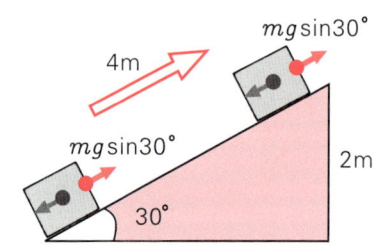

仕事 $W = Fx = mg\sin30° \times 4 = 2mg$

◎仕事率

5秒で10Jの仕事をする機械Aと，20秒で100Jの仕事をする機械Bがある場合，あなたはどちらがほしいですか？

仕事には時間という考え方が入っていませんから，仕事の値だけでは比較することができません。

仕事の効率のよさを示す物理量として**仕事率**があり，次のように決められています。

> 仕事率の式　　$P = \dfrac{W}{t}$　　仕事率 $= \dfrac{\text{仕事}}{\text{時間}}$

仕事率の単位は，**W（ワット）**を使います。

機械Aの仕事率を求めると，10 J ÷ 5 s ＝ 2 W となります。同様に機械Bの仕事率を求めると，100 J ÷ 20 s ＝ 5 W となります。

仕事率を比較すると，機械Bのほうが機械Aよりも効率がよいことがわかります。
これなら機械Bのほうを選択しますよね！

練習問題

問題 ❶ 水平でなめらかな面の上に置かれた物体に対して，次の力がする仕事を求めなさい。重力加速度は 9.8 m/s^2 とします。
(1) 物体に 7.0 N の水平な力を加えて，力の向きに 4.0 m 移動させる。
(2) 質量 2.0 kg の物体を，重力に逆らって上向きにゆっくりと 0.40 m もち上げる。

問題 ❷ 次の図のように，物体に 5.0 N の力を加えながら，なめらかな水平面上を 10 m 動かしました。このとき力のした仕事を求めなさい。

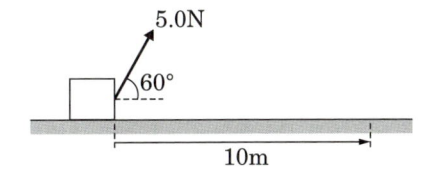

問題 ❸ 10秒で300 Jの仕事をする機械Aと，1分で2000 Jの仕事をする機械Bがあります。仕事率が大きい機械は，AとBのどちらですか。

解答・解説は次のページ

練習問題 の解説

> 問題 ❶ 水平でなめらかな面の上に置かれた物体に対して，次の力がする仕事を求めなさい。重力加速度は $9.8\,\mathrm{m/s^2}$ とします。
> (1) 物体に $7.0\,\mathrm{N}$ の水平な力を加えて，力の向きに $4.0\,\mathrm{m}$ 移動させる。
> (2) 質量 $2.0\,\mathrm{kg}$ の物体を，重力に逆らって上向きにゆっくりと $0.40\,\mathrm{m}$ もち上げる。

解説 (1) 必ず絵をかいて考えていきましょう。絵をかくと次のようになります。

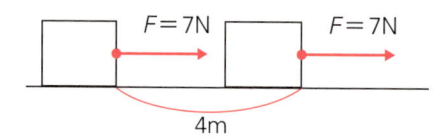

このとき，力が物体に対してした仕事は，

$$W = Fx = 7 \times 4 = 28\,\mathrm{J}$$

となります。

答 28 J

(2) この問題では「**ゆっくりと**」という言葉が大切です。「**ゆっくりと**」というのは「**加速をさせないで**」という意味があり，**等速で動かしていること**を示します。

等速の場合は，次の図のように，もち上げる力と重力はつり合っています。

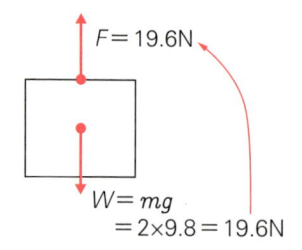

そのため，19.6 N の力を加えながら 0.40 m もち上げることになるので，

$$W = Fx = 19.6 \times 0.4 = 7.84 \fallingdotseq 7.8\,\mathrm{J}$$

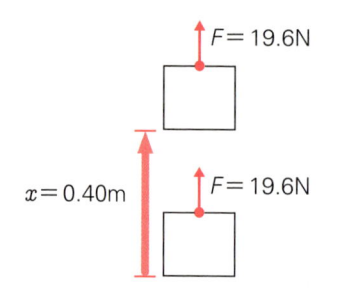

答 7.8 J

問題 ❷ 次の図のように，物体に5.0Nの力を加えながら，なめらかな水平面上を10m動かしました。このとき力のした仕事を求めなさい。

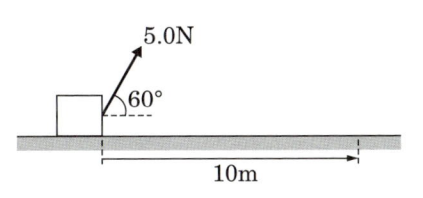

解説 物体は右向きに移動していますが，力は純粋に右向きに加わっているわけではありません。斜め右方向です。このような問題の場合には，斜面上の物体の運動のように，**力を分解して**仕事と関係のある右向きの力の成分を取り出していきます。

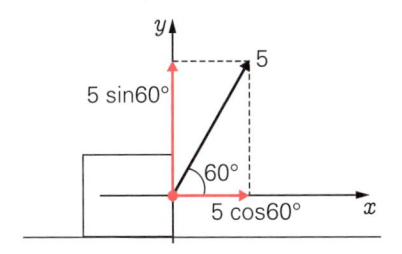

力を分解すると，移動方向（x軸方向）の力は$5\cos60° = 2.5$Nだということがわかります。よって**仕事の式**より，次のように求められます。

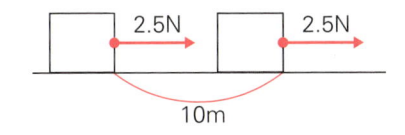

$$W = Fx = 2.5 \times 10 = 25\,\text{J}$$

答 25 J

問題 ❸ 10秒で300Jの仕事をする機械Aと，1分で2000Jの仕事をする機械Bがあります。仕事率が大きい機械は，AとBのどちらですか。

解説 仕事率P_A，P_Bを計算してみましょう。

機械A：$P_A = \dfrac{W}{t} = \dfrac{300}{10} = 30\,\text{W}$

機械B：単位を秒に直してから代入しましょう。1分は60秒なので，

$$P_B = \dfrac{W}{t} = \dfrac{2000}{60} = 33.3\cdots ≒ 33\,\text{W}$$

仕事率を比べると，機械Bのほうが大きいことがわかります。

答 機械B

19 エネルギーとその種類

◎ 3つのエネルギー

エネルギーとは，仕事をする可能性のことです。力学で学ぶエネルギーは，3つあります。エネルギーは仕事をする可能性を示すので，単位は仕事と同じJ(ジュール)を使います。

【運動エネルギー】…動いているボールは，別の物体にぶつかると，力を加えてその物体を動かすことができます。つまり，動いているボールは仕事をする可能性をもっているので，エネルギーをもっていることになります。
動いている物体のもつエネルギーを運動エネルギーといい，次の式で表されます。

$$E = \frac{1}{2}mv^2 \text{ [J]} \qquad 運動エネルギー = \frac{1}{2} \times 質量 \times (速度)^2$$

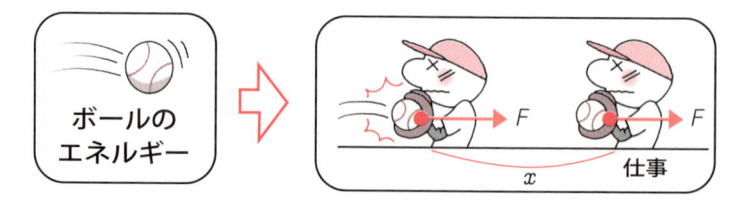

【位置エネルギー】…高い位置にあるボールは，下に落ちて，他の物体に力を加えて変形させる(仕事をする)ことができます。
このような高いところにある物体のもつエネルギーを，位置エネルギー(重力による位置エネルギー)といいます。

$$E = mgh \text{ [J]}$$
位置エネルギー = 質量 × 重力加速度 × 高さ

位置エネルギーは，基準点より高い位置にある場合は正，低い位置にある場合には負となります。

【弾性エネルギー】…縮めたばねの近くにボールを置くと，ばねはボールに力を加えて，ボールに仕事をする可能性をもちます。

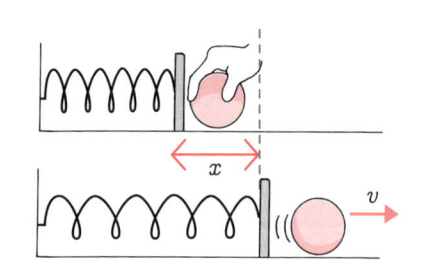

このときのエネルギーを**弾性エネルギー**といい，次の式で表されます。
弾性エネルギーは位置によって決まるので，**弾性力による位置エネルギー**ともいいます。

$$E = \frac{1}{2}kx^2 \text{〔J〕}$$
$$弾性エネルギー = \frac{1}{2} \times ばね定数 \times (ばねの伸び・縮み)^2$$

◎力学的エネルギーとその他のエネルギー

力学で出てくる，運動・位置・弾性エネルギーの和のことを**力学的エネルギー**といいます。エネルギーには，これら3つのほかにもさまざまなものがあります。

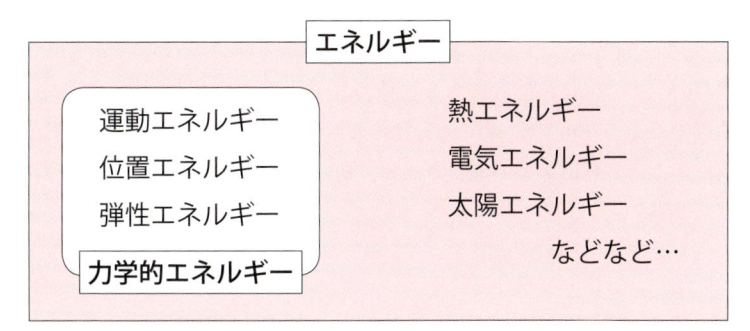

```
                    エネルギー
 ┌─────────────────────────────────────┐
 │  ┌──────────────┐                   │
 │  │ 運動エネルギー │    熱エネルギー    │
 │  │ 位置エネルギー │    電気エネルギー  │
 │  │ 弾性エネルギー │    太陽エネルギー  │
 │  │ 力学的エネルギー│        などなど…  │
 │  └──────────────┘                   │
 └─────────────────────────────────────┘
```

なお，この本では，力学的エネルギーを省略して㋕E，運動エネルギーを㋔E，（重力による）位置エネルギーを㋙E，弾性エネルギーを㋭E と表すことがあります。

練習問題

問題 ① 質量 4.0 kg の物体が速さ 10 m/s で運動しているとき，物体のもつ運動エネルギーは何 J ですか。

問題 ② 質量 20 kg の物体があります。重力加速度を 9.8 m/s² として，次の問いに答えなさい。

(1) 基準点の上方 10 m の位置にある物体のもつ位置エネルギーを求めなさい。

(2) 基準点の下方 5.0 m の位置にある物体のもつ位置エネルギーを求めなさい。

(3) 基準点の上方 5.0 m の高さを 2.0 m/s で動いている物体のもつ力学的エネルギーを求めなさい。

問題 ③ ばね定数 200 N/m のばねを 0.20 m 伸ばしたときと，0.20 m 縮めたときばねに蓄えられる，弾性力による位置エネルギーをそれぞれ求めなさい。

解答・解説は次のページ

練習問題 の解説

> **問題 ①** 質量 4.0 kg の物体が速さ 10 m/s で運動しているとき，物体のもつ運動エネルギーは何 J ですか。

解説 運動エネルギーの式に代入してみましょう。

$$E = \frac{1}{2}mv^2 = \frac{1}{2} \times 4 \times 10^2 = 200 = 2.0 \times 10^2 \, \text{J}$$

答 $2.0 \times 10^2 \, \text{J}$

> **問題 ②** 質量 20 kg の物体があります。重力加速度を 9.8 m/s² として，次の問いに答えなさい。
> (1) 基準点の上方 10 m の位置にある物体のもつ位置エネルギーを求めなさい。
> (2) 基準点の下方 5.0 m の位置にある物体のもつ位置エネルギーを求めなさい。
> (3) 基準点の上方 5.0 m の高さを 2.0 m/s で動いている物体のもつ力学的エネルギーを求めなさい。

解説 それぞれの物体の位置を図にすると，次のようになります。

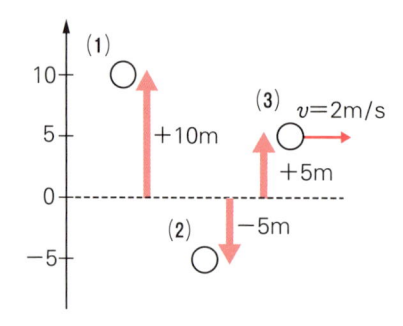

それでは，順番に見ていきましょう。

(1) 物体は，基準点の上方 10 m の位置にあります。**位置エネルギーの式**に代入しましょう。

$$E = mgh = 20 \times 9.8 \times 10 = 1960 = 2.0 \times 10^3 \, \text{J}$$

答 $2.0 \times 10^3 \, \text{J}$

(2) 物体は基準点の下方 5m の位置にあります。下方にある物体のもつ位置エネルギーは負となります。

$$E = mgh = 20 \times 9.8 \times (-5) = -980 = -9.8 \times 10^2 \, \text{J}$$

答 $-9.8 \times 10^2 \, \text{J}$

(3) **力学的エネルギーは，運動エネルギー，位置エネルギー，弾性エネルギーの和**です。

物体は 2 m/s で動いているので，**運動エネルギーをもっています。**計算すると，

$$\frac{1}{2}mv^2 = \frac{1}{2} \times 20 \times 2^2 = 40\,\text{J}$$

となります。

また**位置エネルギー**を計算すると，

$$mgh = 20 \times 9.8 \times 5 = 980\,\text{J}$$

となります。

弾性エネルギーは，ばねがついていないので今回は 0 です。

よって力学的エネルギーは，次のように求められます。

力学的エネルギー ＝ 40 ＋ 980 ＋ 0
　　　　　　　　　　運E　位E　弾E
　　　　　　　　＝ 1020 J

位置エネルギーの有効数字が 2 桁なので，十の位までが意味のある値になります。よって，答えは 1.02×10^3 J です。

答　1.02×10^3 J

問題 ❸　ばね定数 200 N/m のばねを 0.20 m 伸ばしたときと，0.20 m 縮めたときばねに蓄えられる，弾性力による位置エネルギーをそれぞれ求めなさい。

解説　弾性エネルギーの式に代入しましょう。このとき x に代入するのは，「ばねの伸び」または「縮み」です。伸ばしたときも縮めたときも 0.20 m が入ります。

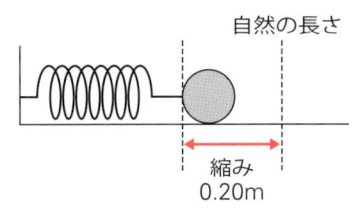

自然の長さ

縮み
0.20m

$$E = \frac{1}{2}kx^2 = \frac{1}{2} \times 200 \times 0.20^2 = 4.0\,\text{J}$$

答　伸ばしたときも縮めたときも 4.0 J

20 力学的エネルギーの保存・エネルギーの保存

◎力学的エネルギーの保存

高いところにあるボールをそっと落とすと，地面につく前に位置エネルギーは小さくなりますが，かわりに速度が大きくなり，運動エネルギーは増えます。このとき外部からの力（外力）による仕事が与えられなければ，運動エネルギーと位置エネルギーの和（力学的エネルギー）は常に一定になります。これを力学的エネルギーの保存といいます。

はじめの力学的エネルギー ＝ あとの力学的エネルギー

一見外部から仕事をもらっているかのように見えるジェットコースターの運動や振り子の運動でも，摩擦や空気抵抗を無視すると，力学的エネルギーは保存します。

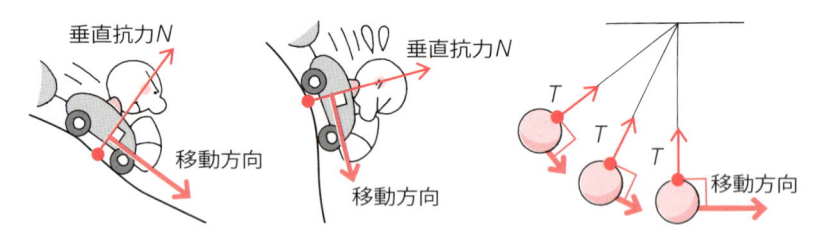

これは，ジェットコースターの垂直抗力や，振り子の糸の張力は，常に物体の移動方向に対して垂直になっているため，仕事が0になるからです。

◎エネルギーの保存

水平な机の上に消しゴムを置いて，弾き飛ばしてみましょう。消しゴムはある一定の距離を進むと止まってしまいます。このとき，力学的エネルギーは保存しません。摩擦力という外力が負の仕事をしているためです。しかし，摩擦力のした仕事までを含めると，全体のエネルギーは保存しています。これをエネルギーの保存といいます。

はじめの力学的エネルギー ＋ 仕事 ＝ あとの力学的エネルギー

エネルギーの問題を解くときには，次のような手順で解いていきましょう。

エネルギー保存の3ステップ解法

❶ 絵をかき，「はじめの状態」と「おわりの状態」を決める
❷ 力学的エネルギーをそれぞれ書き出す
❸ 仕事を加えてエネルギーの保存則の等式をつくる

例題 なめらかな水平面を速さ 5.0 m/s で運動している質量 4.0 kg の物体に，78 J の正の仕事を加えました。物体の速さは何 m/s になりますか。有効数字 2 桁で答えなさい。

解説

❶ 絵をかき，「はじめの状態」と「おわりの状態」を決める

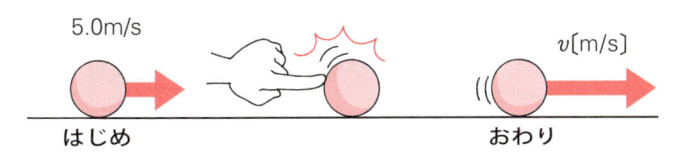

❷ 力学的エネルギーをそれぞれ書き出す

はじめ：$\frac{1}{2} \times 4 \times 5^2 + 0 + 0 = 50$ J
　　　　　運E　　　位E　弾E

おわり：$\frac{1}{2} \times 4 \times v^2 + 0 + 0 = 2v^2$
　　　　　運E　　　位E　弾E

❸ 仕事を加えてエネルギーの保存則の等式をつくる

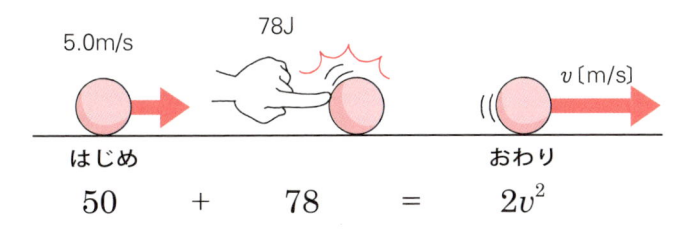

$$50 + 78 = 2v^2$$

これで完成です。
これを速度 v について解くと，答えは 8.0 m/s となります。

答 8.0 m/s

練習問題

問題 ❶ 高さ H [m] のビルの上から，水平方向に速さ v_0 [m/s] で質量 m [kg] の小物体を投げ出しました。重力加速度を g [m/s^2] として，小物体が衝突する直前の速さ v を，H, v_0, g を用いて表しなさい。ただし，空気抵抗は無視すること。

練習問題 の解説

問題 ❶ 高さ H [m] のビルの上から，水平方向に速さ v_0 [m/s] で質量 m [kg] の小物体を投げ出しました。重力加速度を g [m/s²] として，小物体が衝突する直前の速さ v を，H，v_0，g を用いて表しなさい。ただし，空気抵抗は無視すること。

解説 エネルギーの保存の3ステップ解法を使いましょう。

❶ 絵をかき，「はじめの状態」と「おわりの状態」を決める

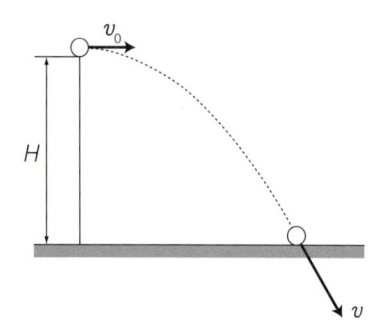

❷ 力学的エネルギーをそれぞれ書き出す

はじめ： $\dfrac{1}{2}mv_0^2 + mgH + 0$
　　　　　運E　　　　位E　　　弾E

おわり： $\dfrac{1}{2}mv^2 + mg \cdot 0 + 0$
　　　　　運E　　　　位E　　弾E

❸ 仕事を加えてエネルギーの保存則の等式をつくる

空気抵抗を無視すると，小物体は飛んでいる間，重力以外の力を受けていないので，仕事の出入りはありません。

よって「はじめ」と「おわり」について，力学的エネルギーは保存します。

$$\underbrace{\dfrac{1}{2}mv_0^2 + mgH + 0}_{\text{はじめの力E}} \underset{\text{仕事}}{=} \underbrace{\dfrac{1}{2}mv^2}_{\text{おわりの力E}}$$

これを v について解いていけばよいだけとなります。

答 $v = \sqrt{2gH + v_0^2}$

応用問題 〈エネルギーの保存(1)〉

問題 1 図のように，質量 m の台車をある高さ h_A の A 地点に置き，手を静かに離しました。その後台車は速度を変化させながら，B（高さ h_B），C（高さ 0），D（B と同じ高さ），E（C と同じ高さ）とレール上を動いていきました。重力加速度を g とし，摩擦力や空気抵抗ははたらかないものとします。このとき，B，C，D，E 地点での台車の速さ，v_B, v_C, v_D, v_E を求めなさい。

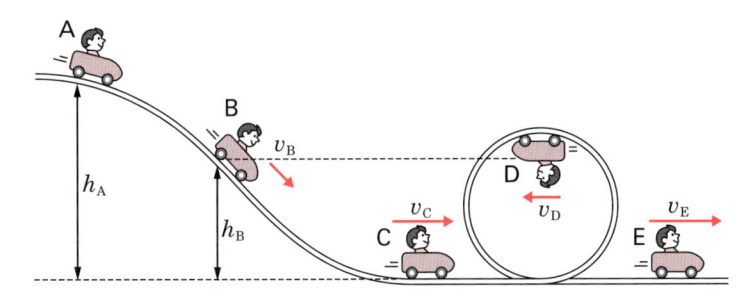

問題 2 質量 20 g の弾丸を，初速度 400 m/s で木の壁に水平に撃ち込んだところ，弾丸は壁に 16 m めり込みました。このとき，壁と弾丸の間にはたらく抵抗力は常に一定であったと仮定します。このときの抵抗力の大きさを求めなさい。

問題 3 図のような曲面上で，質量 m の球を高さ h_A の A 点から静かに転がしました。球は A，B，C と移動し，C 点で一瞬静止したあと，斜面をおりていきました。BC 間の斜面上でのみ摩擦力がはたらくものとし，その動摩擦係数を μ' とします。重力加速度を g として，次の問いに答えなさい。

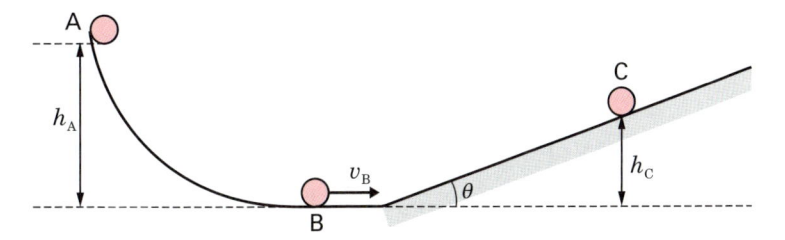

(1) 球がはじめて B 点を通過するときの速さ v_B を求めなさい。

(2) C 点の高さ h_C を求めなさい。

応用問題 の解説①

問題 1 図のように，質量 m の台車をある高さ h_A の A 地点に置き，手を静かに離しました。その後台車は速度を変化させながら，B(高さ h_B)，C(高さ 0)，D(B と同じ高さ)，E(C と同じ高さ)とレール上を動いていきました。重力加速度を g とし，摩擦力や空気抵抗ははたらかないものとします。このとき，B，C，D，E 地点での台車の速さ，v_B，v_C，v_D，v_E を求めなさい。

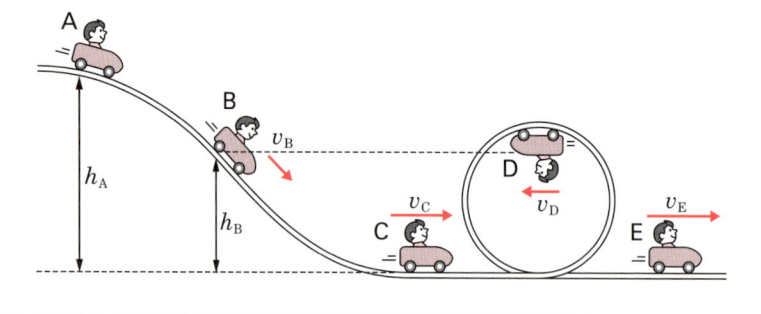

解説 まず，C 地点での速さ v_C について，エネルギー保存の 3 ステップ解法を使って求めてみましょう。

❶ 絵をかき，「はじめの状態」と「おわりの状態」を決める
❷ 力学的エネルギーをそれぞれ書き出す

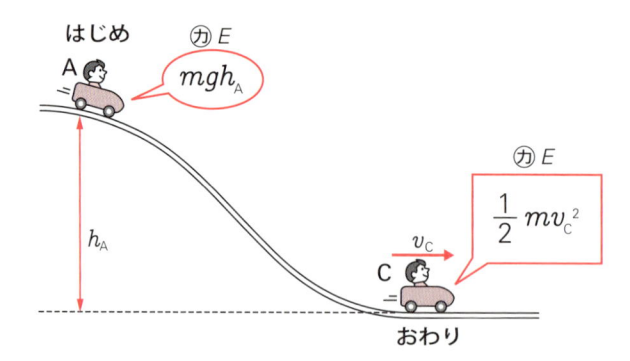

はじめの力学的エネルギーは，速さが 0 で高さだけなので，位置エネルギーのみです。また，おわりの力学的エネルギーは，高さが 0 で速さのみなので，運動エネルギーのみです。

❸ 仕事を加えてエネルギーの保存則の等式をつくる
台車にはたらく垂直抗力はつねに移動方向と垂直になるので，仕事をしません。よって仕事は 0 です。エネルギーの保存則の等式をつくると，力学的エネルギーが保存しているのがわかりますね。

〈エネルギーの保存(1)〉

$$mgh_A + 0 = \frac{1}{2}mv_C^2$$

はじめの㋕E　仕事　おわりの㋕E

v_C について解きましょう。$v_C = \sqrt{2gh_A}$ となります。

これとまったく同様に，A地点とE地点で台車のエネルギー保存則の式もつくることができます。E地点では高さが0で，速さのみなので，E地点での台車の速さ v_E は v_C と同じになります。

このことからわかることは，ジェットコースターの問題の場合は，**高さが同じであれば速さも同じになる**ということです。

よって，v_B と v_D も同じ値になります。

次に，B地点での速さ v_B についても同じように求めてみましょう。

❶ 絵をかき，「はじめの状態」と「おわりの状態」を決める
❷ 力学的エネルギーをそれぞれ書き出す

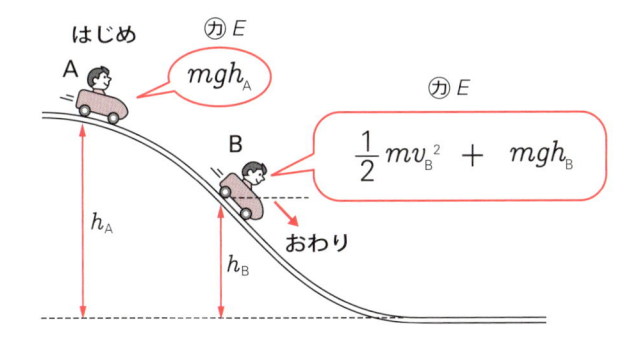

B地点の台車は，高さも速さも0ではないので，位置エネルギーと運動エネルギーの2つのエネルギーをもっています。

❸ 仕事を加えてエネルギーの保存則の等式をつくる

$$mgh_A + 0 = \frac{1}{2}mv_B^2 + mgh_B$$

はじめの㋕E　仕事　おわりの㋕E

これを v_B について解くと，$v_B = \sqrt{2g(h_A - h_B)}$ となります。

v_D もまったく同じ数式をたてることができ，v_B と同じ答えになります。

答 $v_B = v_D = \sqrt{2g(h_A - h_B)}$
$v_C = v_E = \sqrt{2gh_A}$

応用問題の解説②

> **問題 2** 質量20gの弾丸を，初速度400m/sで木の壁に水平に撃ち込んだところ，弾丸は壁に16mめり込みました。このとき，壁と弾丸の間にはたらく抵抗力は常に一定であったと仮定します。このときの抵抗力の大きさを求めなさい。

解説 エネルギー保存の3ステップ解法を使いましょう。

❶ 絵をかき，「はじめの状態」と「おわりの状態」を決める

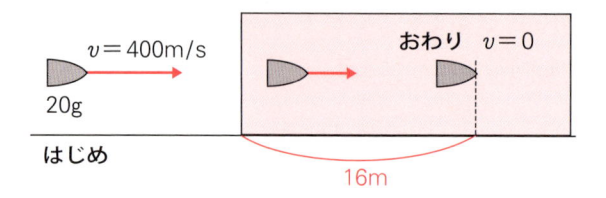

❷ 力学的エネルギーをそれぞれ書き出す

今回の問題では，高さの変化はないものと考えられます。よって，**運動エネルギーのみ**をおいかけていきましょう。

はじめ：力学的エネルギー $= \dfrac{1}{2} \times (20 \times 10^{-3}) \times 400^2$
$= 1600 \, \text{J}$

弾丸の質量20gをkgに直すために，10^{-3}をかけているところに注意！

おわり：力学的エネルギー $= 0 \, \text{J}$

となります。

❸ 仕事を加えてエネルギーの保存則の等式をつくる

最後に，仕事について考えます。今回の物体は，壁の中を進むときに**一定の抵抗力**を受けます。この抗力の大きさを f とします。

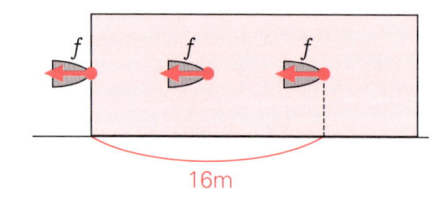

104

〈エネルギーの保存(1)〉

抵抗力の向きは，移動する向きと逆向きですから，止まるまでにする仕事は，

$$W = -fx = -f \times 16 = -16f \,\text{[J]}$$

となります。

これらを使って**エネルギー保存則の等式**をつくりましょう。

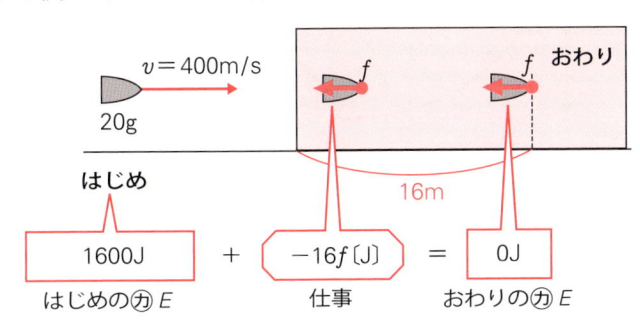

はじめの力 E　　仕事　　おわりの力 E
1600J ＋ −16f [J] ＝ 0J

この式を f について解きます。

$$16f = 1600$$
$$f = 100 = 1.0 \times 10^2 \,\text{J}$$

答　1.0×10^2 N

問題 3　図のような曲面上で，質量 m の球を高さ h_A の A 点から静かに転がしました。球は A，B，C と移動し，C 点で一瞬静止したあと，斜面をおりていきました。BC 間の斜面上でのみ摩擦力がはたらくものとし，その動摩擦係数を μ' とします。重力加速度を g として，次の問いに答えなさい。

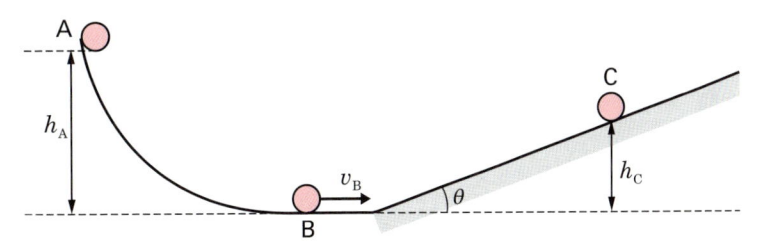

(1) 球がはじめて B 点を通過するときの速さ v_B を求めなさい。
(2) C 点の高さ h_C を求めなさい。

応用問題 の解説③

解説 (1) エネルギー保存の3ステップ解法を使います。

❶ 絵をかき,「はじめの状態」と「おわりの状態」を決める

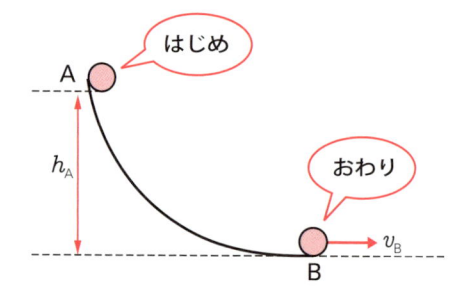

❷ 力学的エネルギーをそれぞれ書き出す

はじめ：A点では球は動いていないので，運動エネルギーはありません。高さがあるので位置エネルギーをもっています。

$$力学的エネルギー = mgh_A$$

おわり：B点では球は高さが0なので，位置エネルギーはありません。動いていますので，運動エネルギーをもっています。

$$力学的エネルギー = \frac{1}{2}mv_B^2$$

❸ 仕事を加えてエネルギーの保存則の等式をつくる

仕事について考えます。AからBの区間では摩擦力ははたらきません。外力である垂直抗力は，移動方向と常に垂直であるため，垂直抗力の仕事は0になります。よってエネルギー保存則の等式をつくると，

$$mgh_A + 0 = \frac{1}{2}mv_B^2$$

はじめの力学的E　仕事　おわりの力学的E

となり，力学的エネルギーは保存します。

この式を，v_B について解きましょう。

答 $v_B = \sqrt{2gh_A}$

(2) 同じように，エネルギー保存の3ステップ解法で解いていきましょう。

❶ 絵をかき,「はじめの状態」と「おわりの状態」を決める

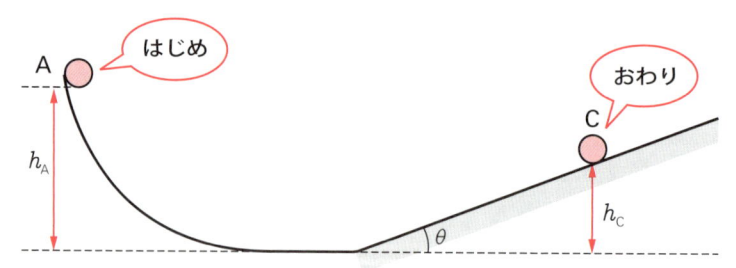

〈エネルギーの保存(1)〉

❷ 力学的エネルギーをそれぞれ書き出す

はじめ：力学的エネルギー $= mgh_A$　　…ⓐ

おわり：最高点Cでは高さがあります。これを h_C としました。
また，最高点では一瞬静止するため，運動エネルギーはありません。

$$力学的エネルギー = mgh_C \quad …ⓑ$$

❸ 仕事を加えてエネルギーの保存則の等式をつくる

最後に，仕事について考えます。
斜面上を移動しているとき，物体は右の図のような**摩擦力**を，**移動方向とは逆向きに受けます**。

よって，C点に到達するまでに，球は**摩擦力による負の仕事によってエネルギーを失います**。

仕事の式は $W = Fx$ なので，摩擦力のした仕事の大きさは

$$動摩擦力 f' \times 移動距離 x$$

で求めることができます。

ただし，f' も x も問題文では与えられていないので，今回の問題文で与えられた文字に置き換えておく必要があります。

〈f' の置き換え〉

それでは，**動摩擦力 f'** の大きさを求めてみましょう。動摩擦力は $\mu'N$ でしたね。N については問題文に与えられていないので，まず N を求めましょう。

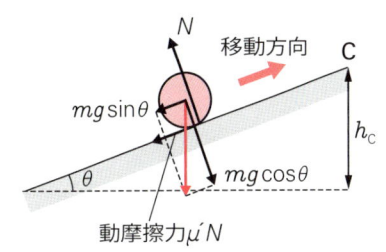

右上の図のように力をすべてかき，移動方向と斜面に垂直な方向に分解します。

斜面に垂直な方向は**力のつり合い**から，

$$N = mg\cos\theta$$
$$⬆ = ⬇$$

よって，**動摩擦力**の大きさは次のようになります。

$$f' = \mu' \cdot mg\cos\theta \quad …①$$

応用問題 の解説④

〈x の置き換え〉

次に、**移動距離 x** について考えます。右の図のような直角三角形に注目して、h_C を用いて表しましょう。

$$\sin\theta = \frac{h_C}{x}$$

$$x = \frac{h_C}{\sin\theta} \quad \cdots ②$$

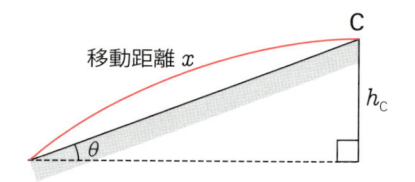

これらのことから、式①、②を用いて、摩擦力がした仕事は次のように表すことができます。

$$\text{摩擦力のした仕事} = -f'x$$
$$= -\mu'mg\cos\theta \times \frac{h_C}{\sin\theta}$$
$$= -\frac{\mu'mgh_C}{\tan\theta} \quad \cdots ⓒ$$

ここで、$\frac{\sin\theta}{\cos\theta} = \tan\theta$ を用いました。

移動方向を邪魔した仕事なので、マイナスがつくことに注意しましょう。

それでは、式ⓐ、ⓑ、ⓒを用いて、**エネルギーの保存則の等式**をつくってみましょう。

$$\underset{\text{はじめの⑦}E}{mgh_A} - \underset{\text{仕事}}{\frac{\mu'mgh_C}{\tan\theta}} = \underset{\text{おわりの⑦}E}{mgh_C}$$

これを h_C について解くと、答えになります。

答 $h_C = \dfrac{h_A \tan\theta}{\tan\theta + \mu'}$

応用問題 〈エネルギーの保存(2)〉

問題 1 長さ L の糸についたボールをもち上げて、上下方向と糸との角度が θ の A 点で手を静かに離しました。最下点 B を通るときの、ボールの速さを求めなさい。重力加速度を g とします。

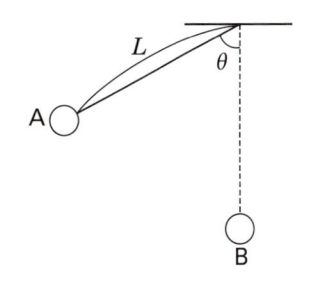

問題 2 なめらかな水平面に置かれたばね定数 $32\,\mathrm{N/m}$ のばねに、質量 $0.50\,\mathrm{kg}$ の物体を押しつけて、ばねを自然長より $0.10\,\mathrm{m}$ だけ縮めて手を静かに離しました。ばねが自然長になったときの、物体の速さはいくらですか。

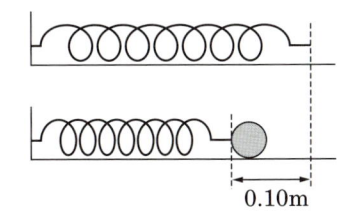

問題 3 水平面と θ の角をなすなめらかな斜面の下端に、長さ l、ばね定数 k のばねの一端を固定し、上端に質量 m のおもりをつなぎました。重力加速度を g とします。

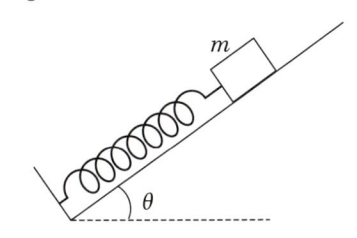

(1) おもりを自然長の位置から手で支えながら斜面上をゆっくりと下げていったところ、ある場所で物体が静止したため、手の支えを離しました。このとき、ばねが自然長から縮んだ長さはいくらですか。

(2) (1)のおもりを再び自然長の位置までもち上げて、この場所から静かに手を離しました。おもりがばねを最も縮めたときの、ばねの長さを求めなさい。

応用問題 の解説①

問題 1 長さ L の糸についたボールをもち上げて，上下方向と糸との角度が θ の A 点で手を静かに離しました。最下点 B を通るときの，ボールの速さを求めなさい。重力加速度を g とします。

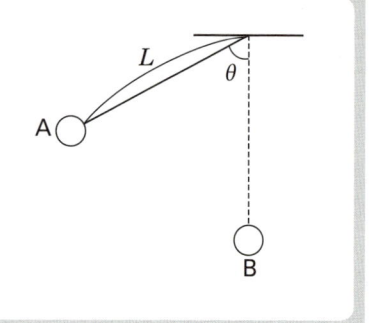

解説 エネルギー保存の3ステップ解法を使いましょう。

❶ 絵をかき，「はじめの状態」と「おわりの状態」を決める

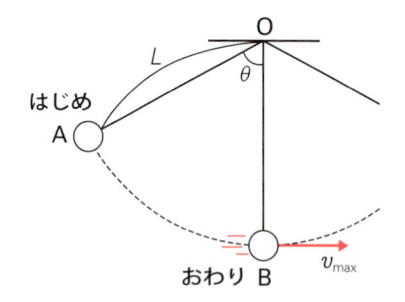

❷ 力学的エネルギーをそれぞれ書き出す

はじめ：ボールは，A 点にいるときに位置エネルギーをもっています。B 点を基準としたときの A 点の高さから，A 点での位置エネルギーを求めてみましょう。

次の図のように，A 点から水平に補助線を引きます。

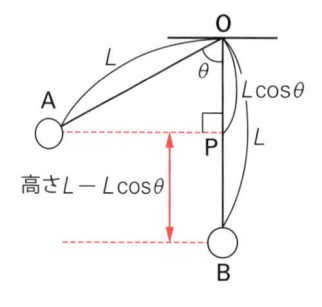

直角三角形 OAP に注目しましょう。斜辺が L，角度が θ なので，OP の長さは $L\cos\theta$ となります。

また，OB の長さは糸の長さ L なので，PB の長さは $L - L\cos\theta = L(1-\cos\theta)$ となります。

110

〈エネルギーの保存(2)〉

このことから，A 点での力学的エネルギーは次のようになります。

$$力学的エネルギー = mgh = mgL(1 - \cos\theta)$$

おわり：B 点では高さが 0 になっており，**運動エネルギーのみになっています**。このときの速さを v_{max} とすると，力学的エネルギーは次のようになります。

$$力学的エネルギー = \frac{1}{2}mv_{max}^2$$

❸ **仕事を加えてエネルギーの保存則の等式をつくる**

最後に，仕事について考えます。A から B に移動する際に，ボールには**重力**と外力である**張力** T がはたらきます。しかし，張力 T はボールの移動方向に対して，常に垂直方向を向いているため，仕事は 0 となります。

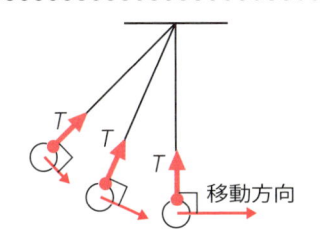

このことから**エネルギー保存の法則の等式**をつくると，

$$\underset{はじめの㋕E}{mgL(1-\cos\theta)} + \underset{仕事}{0} = \underset{おわりの㋕E}{\frac{1}{2}mv_{max}^2}$$

となります。

この式を，v_{max} について解きましょう。

答 $\sqrt{2gL(1-\cos\theta)}$

問題 2 なめらかな水平面に置かれたばね定数 32 N/m のばねに，質量 0.50 kg の物体を押しつけて，ばねを自然長より 0.10 m だけ縮めて手を静かに離しました。ばねが自然長になったときの，物体の速さはいくらですか。

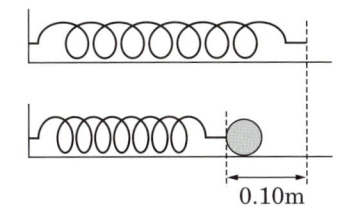

0.10 m

応用問題 の解説②

解説 (1) エネルギー保存の3ステップ解法を使いましょう。

❶ 絵をかき,「はじめの状態」と「おわりの状態」を決める

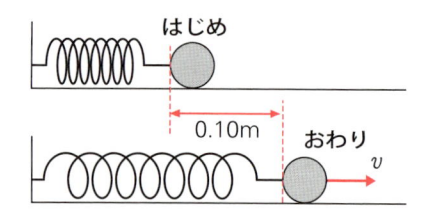

❷ 力学的エネルギーをそれぞれ書き出す

今回の運動は水平面上の運動なので, 位置エネルギーは考えません。

はじめ：物体は動いていないので, 運動エネルギーは0です。

また, ばねが縮んでいるので, 次の弾性エネルギーをもっています。

$$弾性エネルギー = \frac{1}{2}kx^2$$

したがって, 力学的エネルギーは次のようになります。

$$\frac{1}{2}kx^2 = \frac{1}{2} \times 32 \times (0.10)^2 = 0.16 \text{ J}$$

おわり：ばねは**自然の長さ**にもどっているため, **弾性エネルギーは0**です。このときのボールの速さを v とすると, 力学的エネルギーは次のようになります。

$$\frac{1}{2}mv^2 = \frac{1}{2} \times 0.5 \times v^2 = \frac{1}{4}v^2$$

❸ 仕事を加えてエネルギーの保存則の等式をつくる

最後に, 仕事について考えます。今回はたらく外力は, **垂直抗力**と**重力**, **弾性力**です。垂直抗力と重力は, 移動方向と垂直なので仕事はしません。

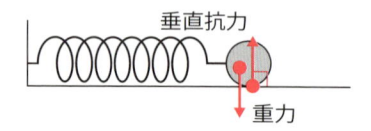

また, 弾性力は弾性エネルギーとしてカウントしているので, 仕事には含めません。よって仕事は0です。

以上より, エネルギーの保存の等式をつくると,

$$0.16 + 0 = \frac{1}{4}v^2$$

はじめの力学的E　　仕事　　おわりの力学的E

これを v について解くと $v = \pm 0.8$ m/s となります。速さを求めるので, プラスの値が答えです。

答 0.80 m/s

〈エネルギーの保存(2)〉

問題 3 水平面と θ の角をなすなめらかな斜面の下端に，長さ l，ばね定数 k のばねの一端を固定し，上端に質量 m のおもりをつなぎました。重力加速度を g とします。

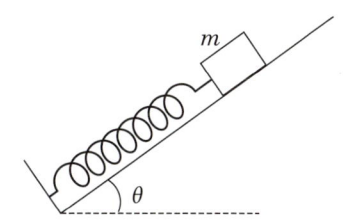

(1) おもりを自然長の位置から手で支えながら斜面上をゆっくりと下げていったところ，ある場所で物体が静止したため，手の支えを離しました。このとき，ばねが自然長から縮んだ長さはいくらですか。

(2) (1)のおもりを再び自然長の位置までもち上げて，この場所から静かに手を離しました。おもりがばねを最も縮めたときの，ばねの長さを求めなさい。

解説 (1) この問題では物体がつり合って静止しているときのことが問われています。このため，**力と運動の 3 ステップ解法**を使って解きましょう。

❶ **注目する物体にはたらく力をすべてかく**

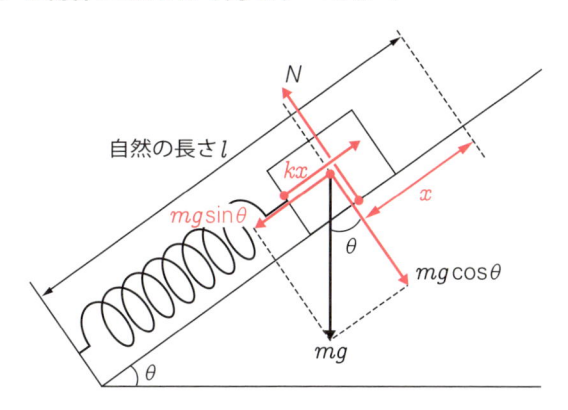

ばねの自然の長さからの縮みを，x としました。**物体にはたらく力は重力，垂直抗力，弾性力の 3 つです。**

❷ **静止・等速なのか，加速なのかを調べる**
この物体は静止しています。

❸ **静止・等速 ⇒「力のつり合い」，加速 ⇒「$ma = $ 残った力」**
静止している場合は，**力のつり合いの式**をつくります。ばねの縮み x について知りたいので，斜面方向の力のつり合いについて式をつくりましょう。

113

応用問題の解説③

$$mg\sin\theta = kx$$
$$\leftarrow \quad = \quad \rightarrow$$

これを，x について解きます。すると，$x = \dfrac{mg\sin\theta}{k}$ となります。

答 $\dfrac{mg\sin\theta}{k}$

(2) この問題は，ばねの最大の縮みを問う問題です。

このような場合には，**エネルギー保存の3ステップ解法**を使いましょう。

❶ 絵をかき，「はじめの状態」と「おわりの状態」を決める

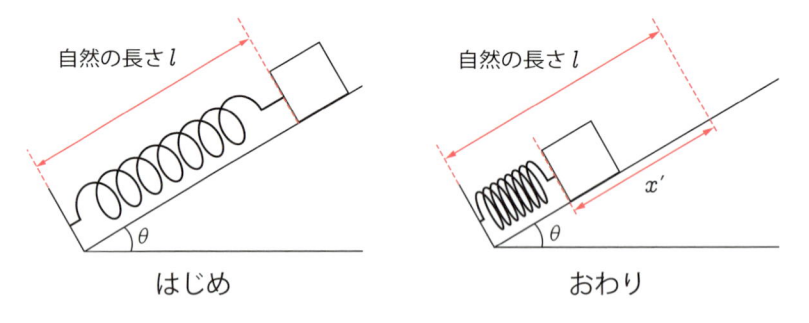

はじめ　　　　　　　　おわり

「おわり」の状態のばねの縮みを x' としました。

❷ 力学的エネルギーをそれぞれ書き出す

　　はじめ：おもりは**静止**⇨運動エネルギーは 0
　　　　　　ばねは**自然の長さ**⇨弾性エネルギーは 0

はじめの状態では，おもりは位置エネルギーのみをもっています。

よって，「おわり」の位置からの「はじめ」の位置の高さを使って位置エネルギーを求めましょう。

おわりの状態の高さを基準点とすると，次の図のように，はじめの状態の物体は，$x'\sin\theta$ の高さをもっています。

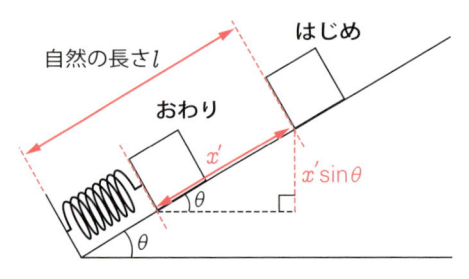

力学的エネルギー $= mgh = mgx'\sin\theta$

〈エネルギーの保存(2)〉

おわり：おわりの状態では，ばねは最大の縮み x' となります。このとき瞬間的におもりは止まるため，運動エネルギーは 0 となります。
また，ここを**基準点**にしたので，位置エネルギーも 0 です。

$$力学的エネルギー = \frac{1}{2}kx'^2$$

❸ **仕事を加えてエネルギーの保存則の等式をつくる**

最後に，仕事について考えます。

今回の運動で登場する力には，重力以外に弾性力と垂直抗力があります。しかし，**弾性力は弾性エネルギーとして扱っているので，仕事としてカウントする必要はありません**。また，垂直抗力は移動方向に対して常に垂直なため，仕事はしません。

エネルギー保存の法則の等式をつくると，

$$\underbrace{mgx'\sin\theta}_{はじめの㋑E} + \underbrace{0}_{仕事} = \underbrace{\frac{1}{2}kx'^2}_{おわりの㋑E}$$

この式を x' について解きましょう。

すると $x' = 0, \dfrac{2mg\sin\theta}{k}$ となります。

$x' = 0$ ははじめの状態なので，答えは $\dfrac{2mg\sin\theta}{k}$ です。

答：$\dfrac{2mg\sin\theta}{k}$

第3章 エネルギー

115

21 温度と熱エネルギー

◎絶対温度

熱力学では日常使う**セルシウス温度**（水の凍る温度が 0 ℃，水の沸騰する温度が 100 ℃）のほかに，**絶対温度**という温度を使います。

物体の温度は物体を構成する粒子の運動の激しさと関係があり，**温度が高いほど激しく粒子が運動しています**。これを**熱運動**といいます。

熱運動が止まるときの温度が，温度の最低値で，その値は −273 ℃です。この温度を 0 に決めた温度を絶対温度といい，**ケルビン（K）**という単位を使って表します。

目盛りの幅はセルシウス温度（℃）と同じにしてあるので，絶対温度 T（K）とセルシウス温度 t（℃）には次のような関係があります。

$$T = t + 273$$

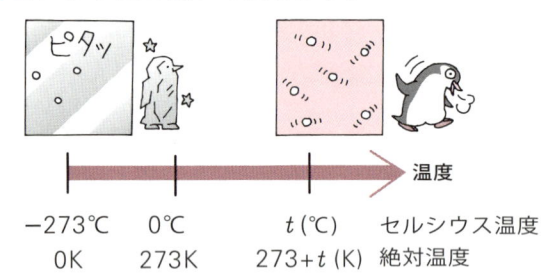

−273℃　0℃　t（℃）　セルシウス温度
0K　273K　273+t（K）　絶対温度

◎熱量の公式

ある物質が**受け取ったり放出したりする熱エネルギー**のことを**熱量**（または単に**熱**）といいます。熱量は，次の式で表されます。

$$Q = mc\Delta T \,(\text{J}) \quad 熱量 = 質量 \times 比熱 \times 温度変化$$

c〔J/(g・K)〕を**比熱**といい，**1 g の物質の温度を 1 K 上げるのに必要な熱量**を表します。比熱が大きな物質ほど，あたたまりにくいことになります。ΔT〔K〕は**温度変化の量**を表します。温度の差なので，セルシウス温度で計算しても絶対温度で計算しても同じです。

mc を**熱容量** C〔J/K〕といいます。**熱容量はある物質の温度を 1 K 上昇させるために必要な熱量**を示します。熱容量を使うと，熱量の式は $Q = C\Delta T$〔J〕のようになります。

比熱 c〔J/(g・K)〕を使うのは，おもに**液体などの質量 m が変化する場合**です。対してコップの温度変化など，**質量が変化しない物体**の場合にはおもに熱容量 C を使います。

◎熱量の保存

温度の異なる 2 つの物体の間で熱量の移動が起こり，**両方の温度が同じになったとき**，それらは**熱平衡**の状態にあるといいます。

熱量についても，**エネルギー保存の法則**がなりたちます。たとえば，ある物体の温度が上がったとき，かならずどこかから熱量の流入があります。一方で，別の物体からは熱量が流出して，熱量の収支は等しくなっています。これを**熱量の保存**といいます。

> ある物体が得た熱量 ＝ 他の物体が失った熱量

熱量に関する問題は，次の3ステップ解法で解きましょう。

熱量保存の3ステップ解法

❶ 絵をかき，「与えた人」と「もらった人」を明確にする
❷ 与えた熱量ともらった熱量をそれぞれ書き出す
❸ 与えた熱量 ＝ もらった熱量

◎物質の三態と潜熱

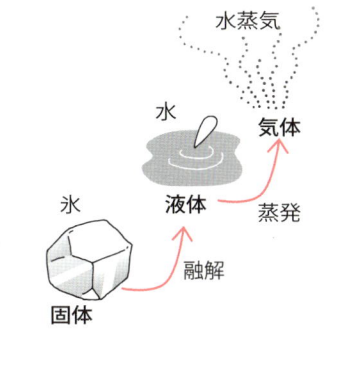

物質は**固体，液体，気体**の3つの状態をとります。これを**物質の三態**といいます。**固体から液体になる現象を融解**といい，このときの温度を**融点**といいます。たとえば，水の融点は0℃です。**融解のとき必要な熱量を融解熱**といいます。**液体から気体になる現象を蒸発**といい，液体が沸騰して蒸発するときの温度を**沸点**といいます。たとえば，水の沸点は100℃です。**蒸発のときに必要な熱量を蒸発熱**といいます。融解熱や蒸発熱など，**状態変化に使われる熱量を潜熱**といいます。

練習問題

問題 ❶ 次の値を求めなさい。
(1) 熱容量 42 J/K の容器の温度を 80 K 上昇させるのに必要な熱量
(2) 比熱 0.46 J/(g·K) の物質 300 g でできた容器の熱容量
(3) 温度を 60 K 上げるのに 4200 J 必要な容器の熱容量

問題 ❷ 温度 10.0 ℃ で熱容量 225 J/K の容器に入れた，同じ温度の水 100 g に 96.0 ℃ の鉄球を沈めたところ，水と鉄球はともに 12.0 ℃ となりました。鉄球の質量は何 g ですか。水の比熱を 4.2 J/(g·K)，鉄の比熱を 0.45 J/(g·K) とし，容器の外には熱は伝わらないとします。

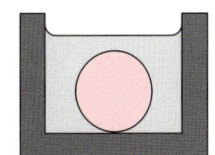

解答・解説は次のページ

練習問題 の解説

> **問題 ①** 次の値を求めなさい。
> (1) 熱容量 42 J/K の容器の温度を 80 K 上昇させるのに必要な熱量
> (2) 比熱 0.46 J/(g·K) の物質 300 g でできた容器の熱容量
> (3) 温度を 60 K 上げるのに 4200 J 必要な容器の熱容量

解説 (1) 熱容量 42 J/K の容器ということは，この容器の温度を 1 K 上昇させるためには 42 J の熱量が必要であることを示しています。2 K なら 42 × 2 ＝ 84 J となります。

よって，80 K 上昇させるのに必要な熱量は，

$$42 \times 80 = 3360 = 3.4 \times 10^3 \text{ J}$$

答 3.4×10^3 J

（別解） 熱容量と熱量の式より，

$$Q = C\Delta T = 42 \times 80 = 3.4 \times 10^3 \text{ J}$$

(2) 熱容量と比熱の式 $C = mc$ より，

$$C = mc = 300 \times 0.46 = 138 = 1.4 \times 10^2 \text{ J/K}$$

答 1.4×10^2 J/K

(3) 熱容量 C 〔J/K〕とは，**ある物体の温度を 1 K 上昇させるのに必要な熱量**のことをいいます。

よって，このときの熱容量を計算するためには，4200 J を 60 K でわればいいことがわかります。

$$4200 \div 60 = 70 \text{ J/K}$$

答 70 J/K

（別解） 熱容量と熱量の式を C について解くと，

$$Q = C\Delta T \Rightarrow C = \frac{Q}{\Delta T}$$

これに数値を代入しましょう。

$$Q = \frac{4200}{60} = 70 \text{ J/K}$$

21 温度と熱エネルギー

問題 ❷ 温度 10.0℃で熱容量 225 J/K の容器に入れた，同じ温度の水 100g に 96.0℃の鉄球を沈めたところ，水と鉄球はともに 12.0℃となりました。鉄球の質量は何 g ですか。水の比熱を 4.2 J/(g·K)，鉄の比熱を 0.45 J/(g·K) とし，容器の外には熱は伝わらないとします。

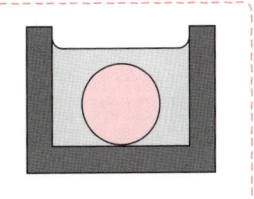

解説 熱量保存の3ステップ解法を使いましょう。

❶ 絵をかき，「与えた人」と「もらった人」を明確にする

今回の登場人物は，容器・鉄球・水の3人です。3人のうち温度変化の関係から熱量を与えた人は「鉄球」，もらった人は「容器」と「水」です。

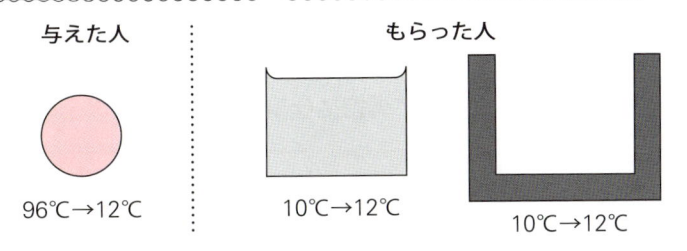

与えた人：鉄球 96℃→12℃
もらった人：水 10℃→12℃，容器 10℃→12℃

変化前の容器と水は触れていたので，**熱平衡**により温度は同じ 10℃になります。また，鉄球を入れたあとは，容器・水・鉄球が**熱平衡**となり 12℃になります。

❷ 与えた熱量ともらった熱量をそれぞれ書き出す

与えた熱量：与えた熱量は鉄球の熱量のみです。温度変化 ΔT を求めるには，温度の高い変化前から低い変化後を引きましょう。

$$Q = mc\Delta T = m \times 0.45 \times (96 - 12) = m \times 0.45 \times 84$$

もらった熱量：もらった人は水と容器の2人なので，**べつべつに計算してから2つを足します**。温度変化は，温度の高い変化後から，低い変化前を引きます。

$$水：Q = mc\Delta T = 100 \times 4.2 \times (12 - 10) = 840\,\text{J}$$
$$容器：Q = C\Delta T = 225 \times (12 - 10) = 450\,\text{J}$$

❸ 与えた熱量 ＝ もらった熱量

$$\underbrace{m \times 0.45 \times 84}_{\text{鉄}} = \underbrace{840}_{\text{水}} + \underbrace{450}_{\text{容器}}$$

これを m について解くと，$m = 34.1\cdots = 34\,\text{g}$ となります。

答 34 g

22 熱力学第一法則

◎内部エネルギー

一見止まっているように見える物体（力学的エネルギーは 0）でも，その物体を構成している粒子は熱運動をしています。つまり，運動エネルギーを内部にため込んでいます。このように，物体が内部に秘めているエネルギーの総和を，内部エネルギーといいます。

◎熱力学第一法則

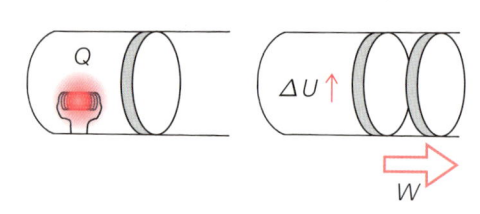

物体の温度が上昇すると，物体を構成する粒子の熱運動が激しくなり，体積が膨張します。これを熱膨張といいます。

密閉された容器（シリンダー）にピストンをつけて中の気体に熱量 Q を加えます。すると気体の温度が上昇し，気体が膨張して外部に仕事をします。このとき，次の関係があります。

$$Q = \Delta U + W$$
気体に与えた熱エネルギー　内部エネルギーの変化　気体がした仕事

この関係式を，熱力学第一法則といいます。これは熱エネルギーも含めたエネルギーの保存を示しています。とくに，気体の圧力が一定（定圧）の場合，気体のする仕事 W は，その気体の圧力 p を使って，次の式のように示されます。

$$W = p\Delta V \,[\mathrm{J}] \quad 気体のする仕事 = 圧力 \times 体積の変化量$$

◎ p-V 図の読み方

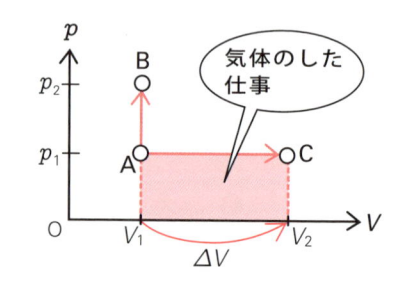

熱力学では右のような p-V 図とよばれる図をよく使います。縦軸 p は圧力を，横軸 V は体積を示します。状態 A から状態 B への変化は，熱量が与えられて，体積一定で圧力が上昇したことを示します。また状態 A から状態 C への変化は，熱量が与えられて，圧力一定で体積が増加したようす，つまり気体が膨張した様子を示しています。このとき気体がした仕事（$p\Delta V$）は，図の面積に相当します。

◎熱効率

車のエンジンなど，繰り返し熱を仕事に変えるはたらきをする装置を熱機関といいます。

熱機関の効率のよさを表す指標を熱効率といい，次の式で示されます。

$$e = \frac{W}{Q} \times 100 \ [\%] \qquad 熱効率 [\%] = \frac{熱機関がした仕事}{与えた熱量} \times 100$$

たとえば，ある熱機関に熱量100Jを与えたときに，外部への仕事に20J，内部エネルギーの変化に80J使われたとすると，熱効率はこの計算式を使って20％となります。

◎可逆変化と不可逆変化

振り子の運動は，空気抵抗を無視すれば，位置エネルギーと運動エネルギーが相互に変化し続け，力学的エネルギーは変化しません。このような，逆方向の変化が自然に起こる変化を可逆変化といいます。

対して，机の上で消しゴムをすべらせると，摩擦力によって少しずつ運動エネルギーが小さくなります。この失った運動エネルギーの分は，摩擦熱になります。しかし，机の上に消しゴムを置いておいても，消しゴムが熱をまわりから吸収して，勝手に動き出すことはありません。このような，逆方向の変化が自然には起こらない変化を不可逆変化といいます。

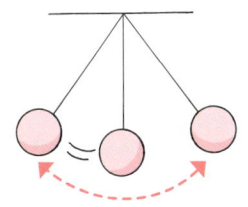

位置エネルギー⇔運動エネルギー

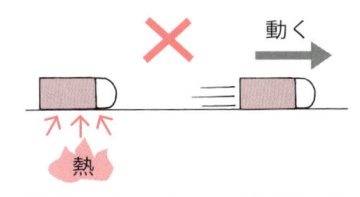

運動エネルギー⇨摩擦熱　○
摩擦熱⇨運動エネルギー　×

練習問題

問題 ❶ 次の空欄(1)〜(4)にあてはまる語を「増加」または「減少」で答えなさい。
気体のもつ内部エネルギーは，外部から熱を与えられると (1) し，外に熱を放出すると (2) する。また外部から熱が与えられない状態で，気体が外に仕事をすると (3) し，外から仕事をされると (4) する。

問題 ❷ 気体が外から100Jの熱を加えられたとき，気体が膨張して60Jの仕事をしたとすれば，気体のもつ内部エネルギーはどれだけ増加しますか。

問題 ❸ 右の図のように気体の状態をAからBへと変化させました。
$p_0 = 1.0 \times 10^5 \text{ Pa}$
$V_1 = 1.0 \times 10^{-2} \text{ m}^3, \ V_2 = 2.0 \times 10^{-2} \text{ m}^3$
のとき，気体のした仕事を求めなさい。

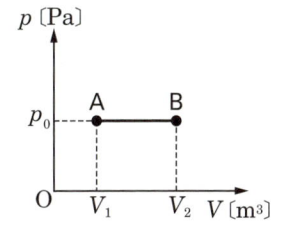

解答・解説は次のページ

練習問題 の解説

> **問題 ❶** 次の空欄(1)～(4)にあてはまる語を「増加」または「減少」で答えなさい。
> 気体のもつ内部エネルギーは，外部から熱を与えられると [(1)] し，外に熱を放出すると [(2)] する。また外部から熱が与えられない状態で，気体が外に仕事をすると [(3)] し，外から仕事をされると [(4)] する。

解説 (1),(2) 熱力学第一法則より，

$$Q = \Delta U + W$$

与えられた熱 Q は，内部エネルギーの増加 ΔU と，仕事 W に分配されます。

よって，**外部から熱 Q が与えられると，内部エネルギーは増加**します。
たとえば，閉じ込めた気体を温めた場合を想像してください。温度が上昇する(内部エネルギーが増加する)ことが想像できますね。

また，**外部に熱 Q を放出すると，内部エネルギーは減少**します。

答 (1)増加　(2)減少

(3),(4) **気体が外部から熱を与えられない状態で仕事をするときは，熱力学第一法則の左辺 Q に 0 を代入すればよい**ので，

$$Q = \Delta U + W$$
　↑
　0

となります。これを W について解くと，

$$W = -\Delta U$$

となります。

マイナスがついているため，**外部に仕事をすると(W が正)，内部エネルギーは減少します($\Delta U < 0$)。逆に仕事をされると(W が負)，内部エネルギーは増加します($\Delta U > 0$)。**

たとえば自転車の空気入れなどを使うと，その中の空気が圧縮されます。すると気体が仕事をされて，内部エネルギーが増加するため，空気入れの下の部分が熱くなります。

答 (3)減少　(4)増加

問題 ❷ 気体が外から 100 J の熱を加えられたとき,気体が膨張して 60 J の仕事をしたとすれば,気体のもつ内部エネルギーはどれだけ増加しますか。

解説 熱力学第一法則に代入してみましょう。

$$Q = \Delta U + W$$

$$10060$$

ΔU について解くと,答えは 40 J となります。

答 40 J

問題 ❸ 右の図のように気体の状態を A から B へと変化させました。
　$p_0 = 1.0 \times 10^5$ Pa
　$V_1 = 1.0 \times 10^{-2}$ m³, $V_2 = 2.0 \times 10^{-2}$ m³
のとき,気体のした仕事を求めなさい。

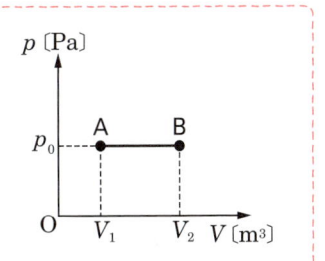

解説 p-V 図の面積が,気体のした仕事にあたります。よって,面積を求めましょう。

$$\begin{aligned} W &= p_0 \times (V_2 - V_1) \\ &= 1.0 \times 10^5 \times (2.0 \times 10^{-2} - 1.0 \times 10^{-2}) \\ &= 1.0 \times 10^3 \text{ J} \end{aligned}$$

答 1.0×10^3 J

（別解）　定圧変化で気体がした仕事の式 $W = p\Delta V$ に代入しても,答えを導くことができます。

$$\begin{aligned} W &= p\Delta V \\ &= p_0 \times (V_2 - V_1) \\ &= 1.0 \times 10^3 \text{ J} \end{aligned}$$

23 波の基礎知識

◎ y-x グラフと y-t グラフ

波を見ていると，波の形（波形）が動いていくことに目を奪われがちですが，波を伝える物質（媒質）の動きに目を向けることが重要です。たとえば次の図のように，原点を1つの波が通過すると，原点にいる媒質は1回振動します。

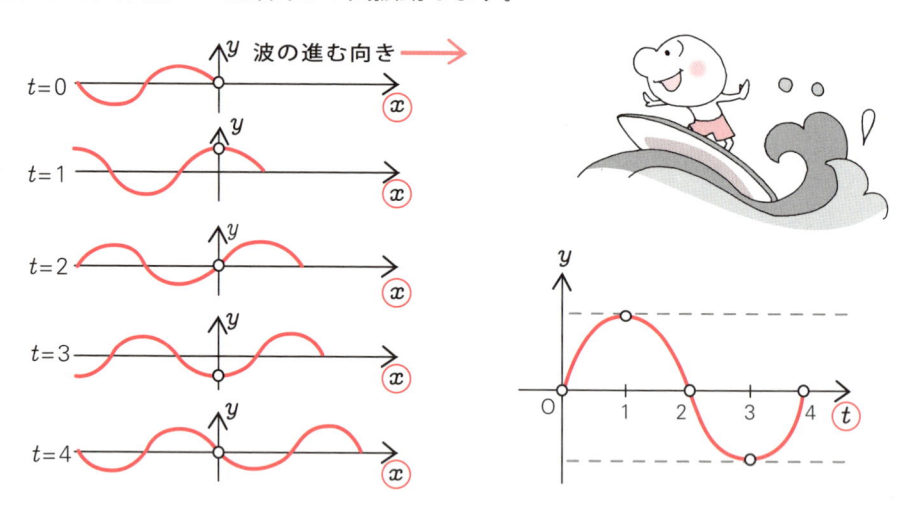

上の左側の5枚の図のように，波のようすを時間で切り取った図を y-x グラフといいます。次に，原点の媒質を見てください。0秒のときは原点に媒質があり，その後上下に振動していますね。この媒質の時間変化を示したものが，上の右側に示した y-t グラフです。

◎ 波を表す物理量

右の y-x グラフを見てください。山と谷の1セットの繰り返しが連続的な波をつくります。この1セットの長さを波長 λ といいます。また，波の平均値からの高さを振幅 A，波形の進む速さを波の速さ v といいます。

次に，y-t グラフを見てください。媒質が1回振動する時間（波1つが1回通るのにかかる時間）を周期 T といいます。また，振動数 f は媒質が1秒間に何回振動するのかを示し，周期 T との間に次の関係があります。

$$f = \frac{1}{T} \text{〔Hz〕} \quad \text{振動数} = \frac{1}{\text{周期}}$$

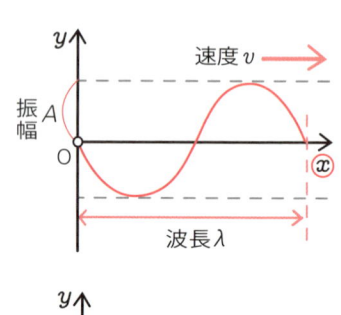

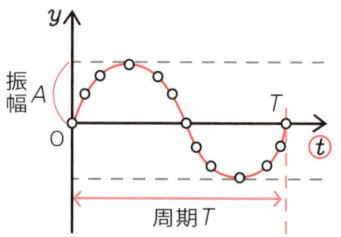

振動数 f の単位は，**Hz（ヘルツ）** を使います。

最後に，波動分野で一番多く登場する，**波の式（波の速さの公式）** について紹介します。

たとえば，振動数が 3 Hz の波が原点を通過したとします。すると，1 秒間に原点の媒質は 3 回振動します。このとき波が進んだ距離は，この波の波長を λ とすると 3λ となります。

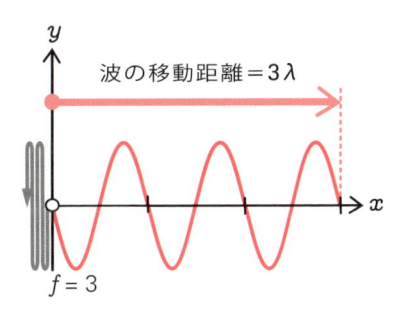

1 秒（s）に波が進む距離〔m〕のことを波の速さ〔m/s〕 といいましたね。このことから，$v = 3\lambda$ となります。

数字の「3」は振動数 f のことでしたから，**波の速さ v，振動数 f，波長 λ** に次のような関係があることがわかります。

> **波の式**　　$v = f\lambda$　　波の速さ ＝ 振動数 × 波長

練習問題

問題 ① 次の問いに答えなさい。
(1) 振動数が 400 Hz で波長が 0.80 m の波の伝わる速さは何 m/s ですか。
(2) 速さが 2.0 m/s，波長が 0.50 m の波の振動数は何 Hz ですか。また，媒質が振動する周期は何 s ですか。

問題 ② x 軸の正の向きに伝わる波があります。次の図の実線で示された波が，はじめて点線で示された波になるまでに 0.25 秒かかりました。

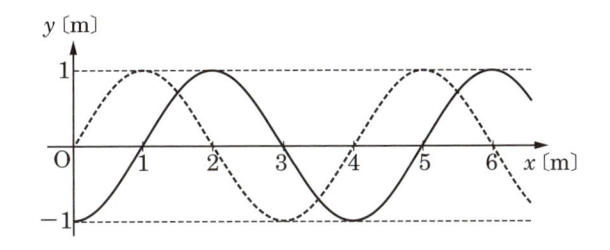

(1) この波の振幅，波長，速さ，振動数，周期はそれぞれいくらですか。有効数字 2 桁で答えなさい。
(2) 実線で表された波で，媒質の速度が上向きに最大になっているところを，x 座標で答えなさい。

解答・解説は次のページ

練習問題 の解説①

> **問題 ❶** 次の問いに答えなさい。
> (1) 振動数が 400 Hz で波長が 0.80 m の波の伝わる速さは何 m/s ですか。
> (2) 速さが 2.0 m/s，波長が 0.50 m の波の振動数は何 Hz ですか。また，媒質が振動する周期は何 s ですか。

解説 (1) 波の式 $v = f\lambda$ に代入してみましょう。

$$v = f\lambda = 400 \times 0.80 = 3.2 \times 10^2$$

答 3.2×10^2 m/s

(2) 波の式を f について解き，数値を代入しましょう。

$$v = f\lambda \quad \Rightarrow \quad f = \frac{v}{\lambda} \quad \begin{matrix}2\\0.5\end{matrix}$$

これから，振動数 f は 4.0 Hz となります。

また，**振動数と周期の関係式**から，周期を求めると，

$$f = \frac{1}{T} \quad \Rightarrow \quad T = \frac{1}{f} \quad (4)$$

より，周期 T は 0.25 秒となります。

答 振動数：4.0 Hz
周期：0.25 s

> **問題 ❷**　x軸の正の向きに伝わる波があります。次の図の実線で示された波が，はじめて点線で示された波になるまでに 0.25 秒かかりました。 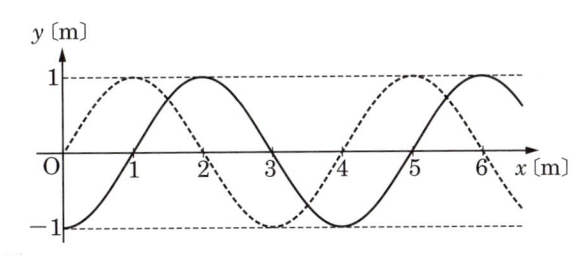
>
> (1) この波の振幅，波長，速さ，振動数，周期はそれぞれいくらですか。有効数字2桁で答えなさい。
> (2) 実線で表された波で，媒質の速度が上向きに最大になっているところを，x座標で答えなさい。

解説　(1) はじめにこの図から読み取れる情報を見ていきましょう。**振幅**は①のような**波の平均値からの高さ**を指します。谷底から山の頂上までと考えて 2 m, とはならないので注意が必要です。

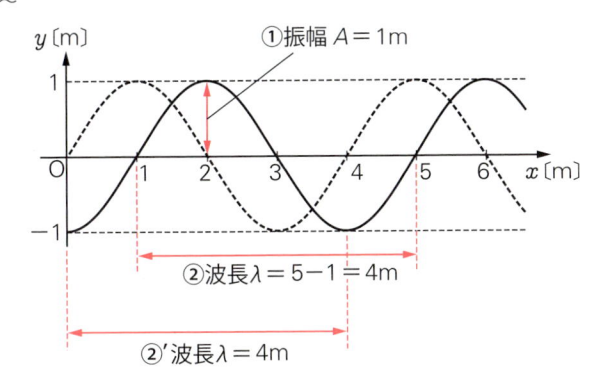

①振幅 $A = 1$ m
②波長 $\lambda = 5 - 1 = 4$ m
②′波長 $\lambda = 4$ m

また，**波長**は②のような**山の部分と谷の部分を足した長さ**です。または②′のように**谷底（または山頂）から次の谷底（山頂）までの長さ**と見てもよいでしょう。

次に**速さ**を考えます。**波の速さの公式は $v = f\lambda$ です**。波長 λ はわかっていますが，f の値はどうすればわかるのでしょうか。ここで固まってしまう生徒が多いのですが，実は f はここでは直接にはわかりません。

ではどうするかというと，**速さの定義から考えればすぐにわかります**。速さとは，1 秒間で何 m 進むのかを示しています。

練習問題 の解説②

この波の形は 0.25 秒で実線から点線まで，次の図のように 3 m 動いていることがわかります。

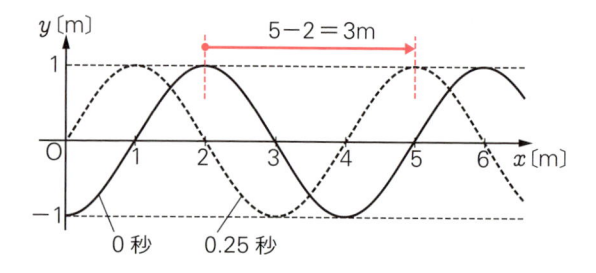

速さの式に代入すると，

$$v = \frac{x}{t} = \frac{3}{0.25} = 12 \, \text{m/s}$$

となります。
これで速さを求めることができました。図から読み取れる情報はこれで終わりです。

次に，**振動数**について求めてみましょう。**波の式**（$v = f\lambda$）に，波の速さ v，波長 λ を代入すると，

$$12 = f \times 4$$

となり，これを f について解くと，$f = 3 \, \text{Hz}$ となります。

最後に，**周期**についてです。振動数と周期の式に代入すると，

$$3 = \frac{1}{T}$$

となり，これを T について解くと $T = 0.333\cdots = 0.33 \, \text{s}$ となります。
これですべて求められましたね。

答
振幅：1.0 m
波長：4.0 m
速さ：12 m/s
振動数：3.0 Hz
周期：0.33 s

(2) この問題は，何を聞いているのでしょうか。

横波において，それぞれの媒質は上下に振動しています。それぞれの振動が少しずつずれているので，波が右の方向に動いているように見えます。

$x=0$〜6の位置にあるボールA〜Gが上下に振動しているようすをイメージしてみてください。

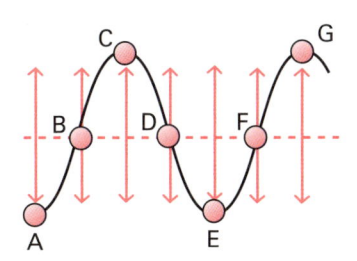

最高点や最下点は折り返し地点なので，ボールは一度止まりますね。 つまり，図の中でA，C，E，Gは静止しています。

対して，**振動の中心では速度が最大になる**のがイメージできると思います。問題で聞いている「速度が最大になっているところ」とは，B，D，Fのことを指します。

しかし，「上向きに」という条件が入っています。媒質が上に行くのか下に行くのかは，このままではわかりません。

ここでとっても大切なポイントがあります。それは「波を少しだけずらす」ということです。ちょっと進行方向にずらしてみましょう。

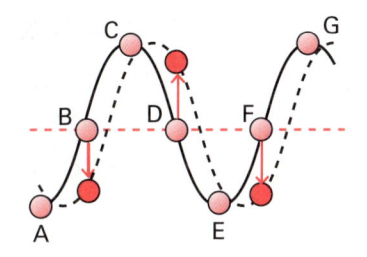

すると，Bの媒質は下へ，Dの媒質は上へ，Fの媒質は下へ行くことがわかります。

このことから，速度が上向きに最大になる媒質はDということがわかります。座標で答えると，$x=3$mですね。

このように，媒質の振動が問われたら，**少しだけ波を動かした図をかく**ことがとても大切です。

<答> $x=3$m

24 横波と縦波

◎横波

ばねを机の上に広げておいて手を振動させると、振動がばねを伝わっていきます。このとき手の位置から**波が発生している**ので、その場所を**波源**といいます。

水平に張ったばねを上下に振ると、上下の振動が波となって伝わっていきます。このような、媒質の振動方向が上下の波を**横波**といいます。媒質は上下に振動し、折り返し地点の最高点や最下点で一瞬静止します。また、中央付近で速度が最大になります。

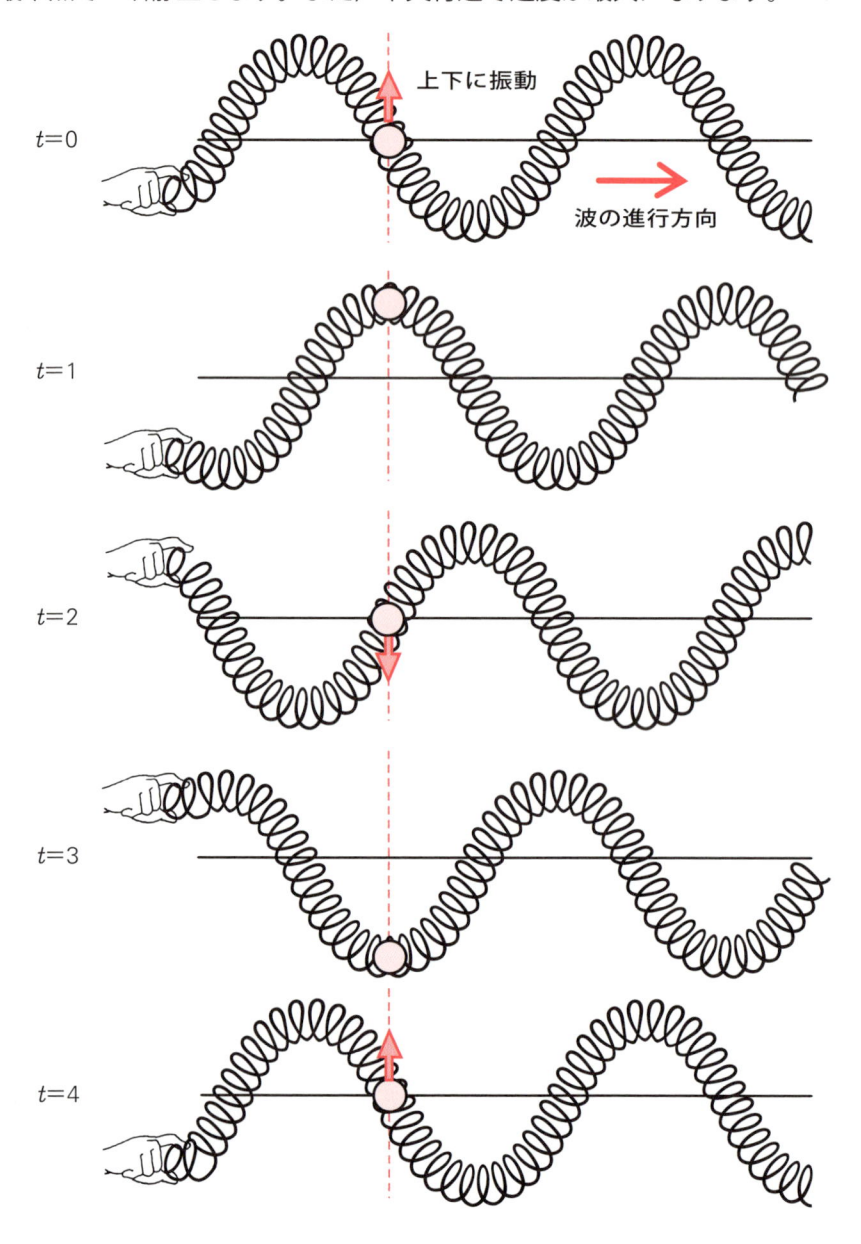

◎縦波

また，ばねを押したり引いたりして前後に振動させると，密度の高い部分（密）と低い部分（疎）が伝わっていきます。このような，媒質の振動方向が前後の波を縦波といいます。

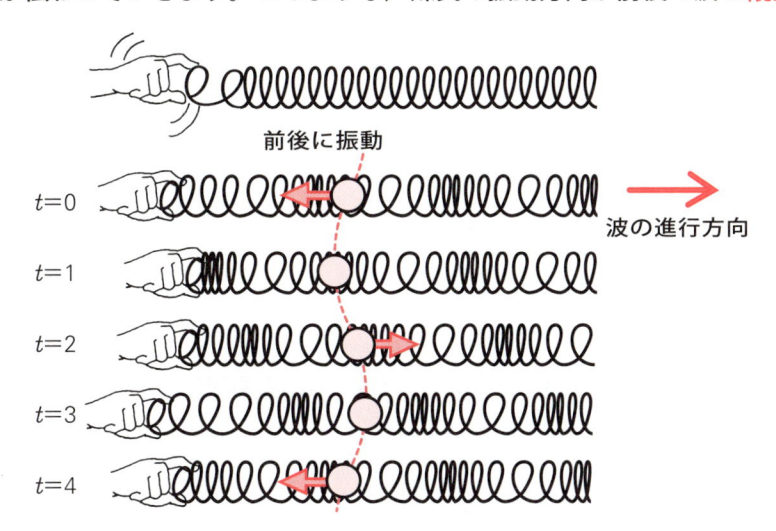

縦波では，媒質は進行方向に対して前後に振動しており，一見すると横波とはようすがずいぶんちがって見えます。

しかし，そのちがいは，媒質が上下に振動するのか，それとも前後に振動するのかによるちがいだけです。

◎波の位相

媒質がどのような振動状態にあるのかを示すものを位相といいます。媒質の振動状態が同じ状態にあるものを同位相，ちょうど逆の状態になっているものを逆位相といいます。

次の図を見てください。BとFは山頂で静止しているので同位相，BとDは山頂と谷底で静止しているので逆位相，またAとEはどちらも同じ場所にいて，同じ下向きに運動しているので同位相，AとCは同じ場所にはいるものの，振動方向が下と上なので逆位相です。

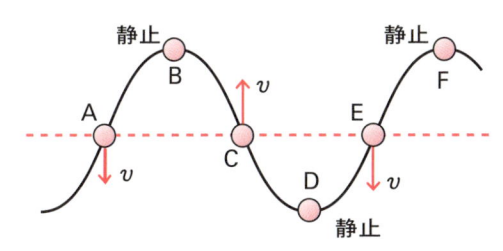

◎縦波の横波表示

縦波の伝わるようすを表すときにも，まるで**横波のように表示する方法**があります。

次の図は横波のように見えますが，実は縦波のようすを表したものです。この図では，y軸の正の向きが「媒質の速度の向きへの変位」を表し，y軸の負の向きが「媒質の速度とは逆向きの変位」を示しています。

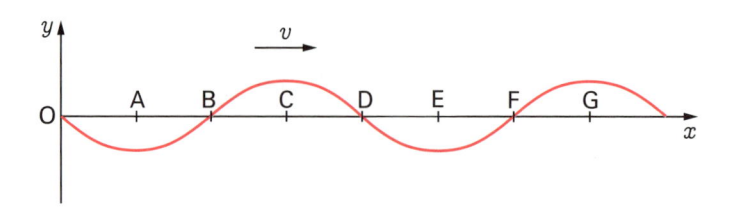

たとえばこの図では，もともとC点やG点にあった媒質は**速度の向き**に，A点やE点にあった媒質は**速度と逆向き**に変位しています。

◎横波表示から縦波へ！3ステップ解法

これを縦波に戻してみましょう。
まず，縦波に戻す手順を**縦波の3ステップ解法**としてまとめておきます。

> **縦波の3ステップ解法**
> ❶ ボールを置き，矢印を上下に伸ばす
> ❷ 矢印が上に伸びたら速度の向きに，矢印が下に伸びたら逆向きに倒す
> ❸ 矢印の頭にボールを移動させ「疎」「密」を記入する

では，この手順にしたがって，さきほどあげた横波表示の波を縦波に戻してみましょう。

❶ ボールを置き，矢印を上下に伸ばす

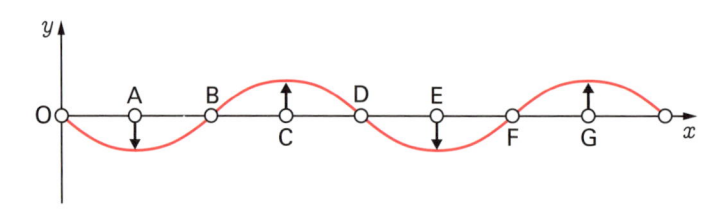

ここでは，図のようにボール（○印）を置きました。

❷ 矢印が上に伸びたら速度の向きに，矢印が下に伸びたら逆向きに倒す

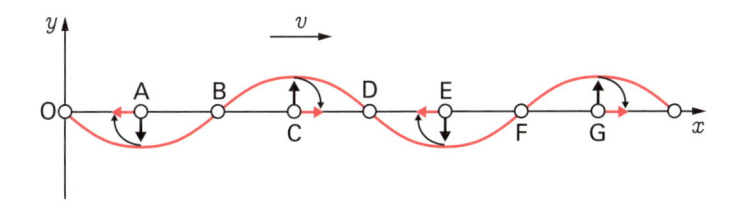

y 軸正の向きが，媒質が普段いる場所よりも前にいることを示していますので，上に伸びた矢印は前（右側）に倒します。逆に負の向きに伸びた矢印は後ろ（左側）に倒します。

❸ 矢印の頭にボールを移動させ「疎」「密」を記入する

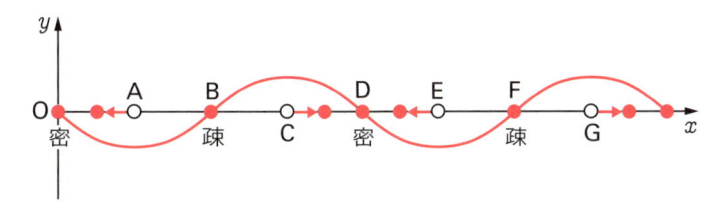

移動したボールを ● 印で表しました。

ボールが集まっている「O」や「D」に密と書きます。対してボールが離れてしまっている「B」や「F」に疎と書きましょう。これで完成です。

このように，図としては，縦波は横波のように表してあることが多いので，そのときどきの縦波のようすに戻せるようにしておきましょう。

練習問題

問題 ❶ 次の図は，x 軸の正方向に伝わる縦波を横波表示したものです。

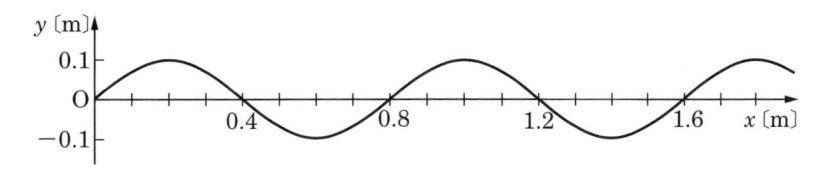

次の問いに答えなさい。

(1) この瞬間，密度の最も大きい場所はどこですか。0〜1.8 m の範囲で，x 座標を答えなさい。

(2) この瞬間，媒質の振動の速度が 0 になる場所はどこですか。0〜1.8 m の範囲で，x 座標を答えなさい。

(3) この瞬間，媒質の振動の速度が右向きに最大になっている場所はどこですか。0〜1.8 m の範囲で，x 座標を答えなさい。

解答・解説は次のページ

133

練習問題 の解説

> 問題 ❶ 次の図は，x 軸の正方向に伝わる縦波を横波表示したものです。 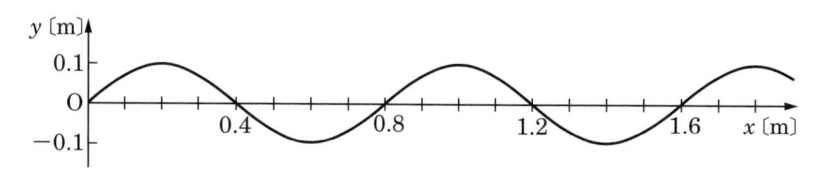
>
> 次の問いに答えなさい。
> (1) この瞬間，密度の最も大きい場所はどこですか。0〜1.8 m の範囲で，x 座標を答えなさい。
> (2) この瞬間，媒質の振動の速度が 0 になる場所はどこですか。0〜1.8 m の範囲で，x 座標を答えなさい。
> (3) この瞬間，媒質の振動の速度が右向きに最大になっている場所はどこですか。0〜1.8 m の範囲で，x 座標を答えなさい。

解説 (1) 縦波の 3 ステップ解法を使いましょう。

❶ **ボールを置き，矢印を上下に伸ばす**

わかりやすくするため，ボールに A〜J の名前をつけておきます。

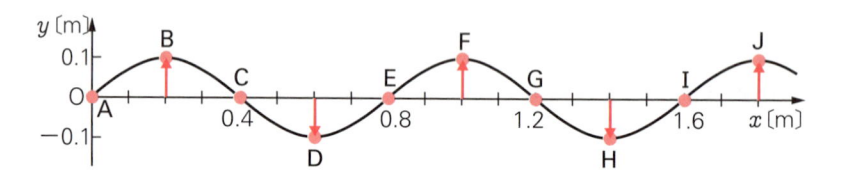

❷ **矢印が上に伸びたら速度の向きに，矢印が下に伸びたら逆向きに倒す**

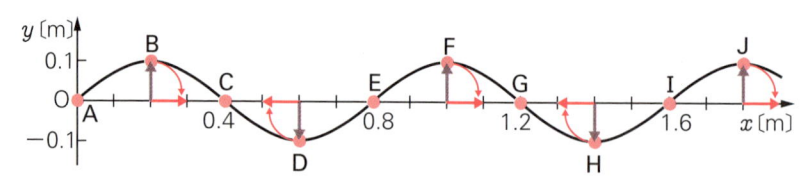

❸ **矢印の頭にボールを移動させ「疎」「密」を記入する**

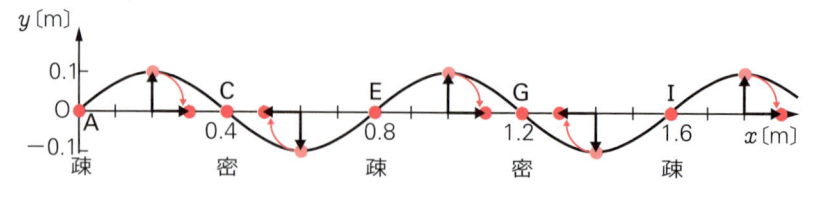

密度が高いのは，図より，C, G の 2 つです。x 座標で答えると，$x = 0.4, 1.2$ になります。

答 $x = 0.4$ m, 1.2 m

(2) 横波も縦波も，その振動方向がちがうだけで，振動していることに変わりはありません。**縦波の場合，媒質は左右に振動しています。**

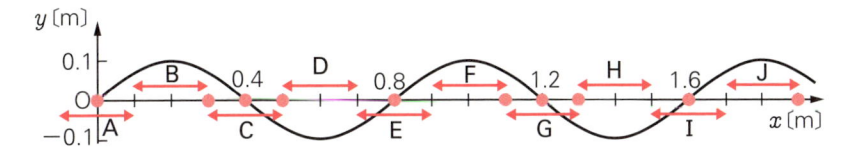

振動の速さが 0 の媒質は，最も前または後ろにいる媒質になります。よって，B，D，F，H，J が静止していることになります。

x 座標で答えると，$x = 0.2, 0.6, 1.0, 1.4, 1.8$ になります。

答 $x = 0.2\,\text{m},\ 0.6\,\text{m},\ 1.0\,\text{m},\ 1.4\,\text{m},\ 1.8\,\text{m}$

(3) 振動の中心にいる媒質 A，C，E，G，I は，速度が最大です。この中で，右向きに速度が最大の媒質はどれでしょうか？

方向が問われた場合には，**波を少しずらすことがポイント**です。波を少しずらすと次の図のようになります。

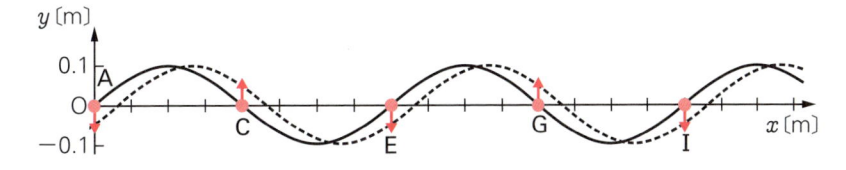

このように作図すると，C と G が次の瞬間に上に行く，つまり右に行くことがわかります。

x 座標で答えると，$x = 0.4, 1.2$ になります。

答 $x = 0.4\,\text{m},\ 1.2\,\text{m}$

25 波の反射

◎重ね合わせの原理

右向きに進む波と左向きに進む波をぶつけると，右の図のように波は振幅方向のみが合成されます。これを波の**重ね合わせ**といいます。

また，重なってできた波を**合成波**といいます。

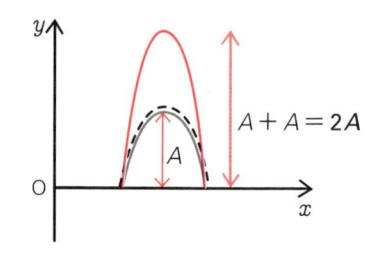

◎反射

波は壁などにぶつかると反射して返ってきます。壁などの，媒質の端に向かって進む波を**入射波**，反射して戻ってくる波を**反射波**といいます。反射には次のように2種類あります。

【自由端反射】…媒質が自由に動く端での反射です。位相が変化せずに，同じ位相で返ってきます。

　　例 水面を伝わる波

【固定端反射】…媒質が固定された端での反射です。位相が変化して，逆の位相で返ってきます。

　　例 固定したばねの反射

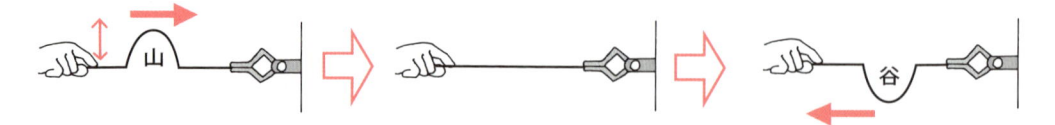

◎反射波の3ステップ解法

反射波のようすを作図する場合には，**壁の中に反射波のようすをかくことが重要**です。

反射波の3ステップ解法

❶ 壁の中の世界に「山」の部分を写しとる
❷ 固定端の場合は写しとった「山」をひっくり返して「谷」にする
❸ 壁の中の山から波をなめらかに伸ばしていく

例題 右向きに進んできた横波が自由端反射をしました。反射波のようすを作図しなさい。

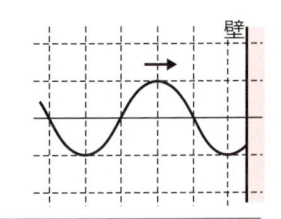

解説

❶ 壁の中の世界に「山」の部分を写しとる

どこでもいいので，入射波の「山」や「谷」など，特徴的な部分に注目して，壁を軸にして対称に，その波を写しとります。

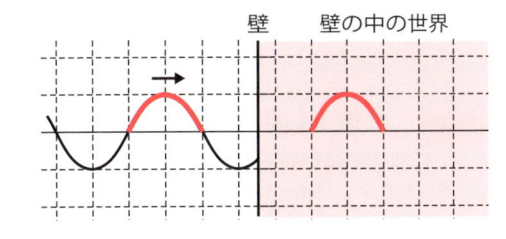

❷ 固定端の場合は写しとった「山」をひっくり返して「谷」にする

自由端の場合はそのままで，ステップ❷では何もしません。

❸ 壁の中の山から波をなめらかに伸ばしていく

壁の中に写しとった山から，壁の外に波をかいていきます。この壁の外に出てきた部分が自由端反射の反射波です。

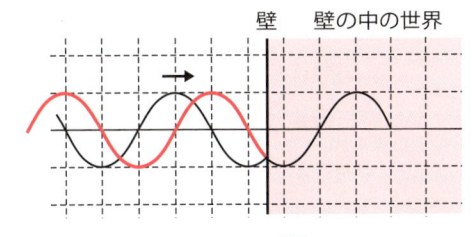

答 上図赤線

練習問題

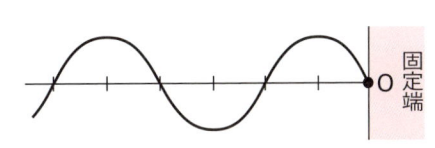

問題 ❶ 図のように，同じ媒質中を振幅，波長，振動数の等しい2つの波が互いに反対方向に進み，点Oで出会いました。この状態を $t = 0$ として，$t = \dfrac{1}{4}T$，$\dfrac{1}{2}T$ の合成波を作図しなさい。T は波の周期を示します。

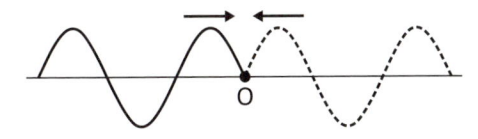

問題 ❷ 図のような波が固定端反射する場合について，反射波と合成波をかきなさい。

解答・解説は次のページ

練習問題 の解説

問題 ❶ 図のように，同じ媒質中を振幅，波長，振動数の等しい2つの波が互いに反対方向に進み，点Oで出会いました。この状態を $t = 0$ として，$t = \frac{1}{4}T$，$\frac{1}{2}T$ の合成波を作図しなさい。T は波の周期を示します。

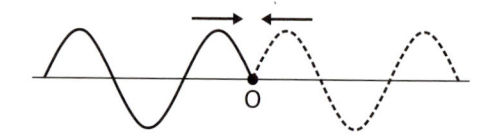

解説 T 後：1周期（$1T$）後というのは，ある点を波1つが通った状態を指しました。そのようすを図にすると右のようになります。

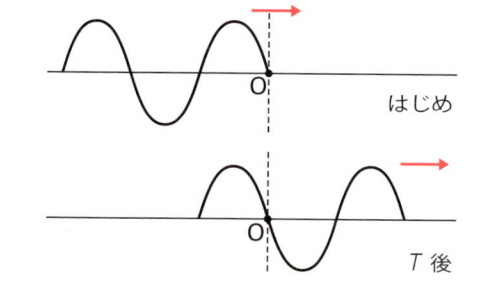

問題に戻って，$\frac{1}{4}T$ 後というのは，右のようにOの場所に注目すると，山の途中までお互いが動いた状態を示します。

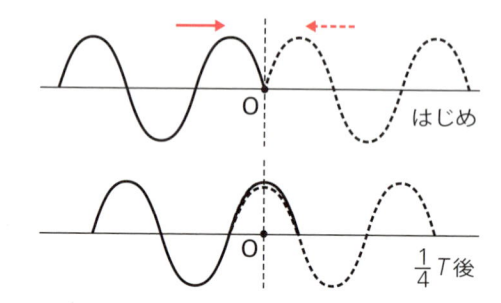

この波を合成します。

重ね合わせの原理から，原点付近にある波の高さ方向のみを合成しましょう。すると，次の図を得ます。

答 右図赤線

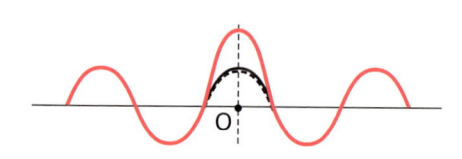

$\frac{1}{2}T$ 後：この場合は，まず波を $\frac{1}{2}$ 周期分動かします。それには2つの波をそれぞれ山1つ分動かせばよいのですね。

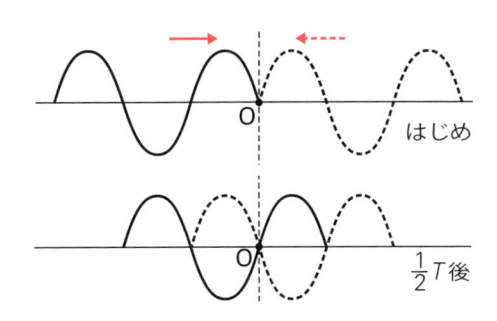

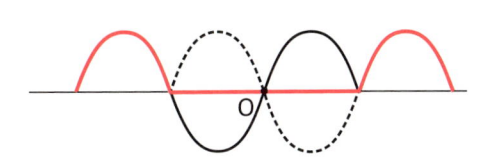

重なった部分を合成すると，次のようになります。

答 右図赤線

問題 ❷ 図のような波が固定端反射する場合について，反射波と合成波をかきなさい。

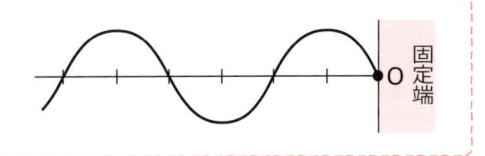

解説 反射波の3ステップ解法を使いましょう。

❶ 壁の中の世界に「山」の部分を写しとる

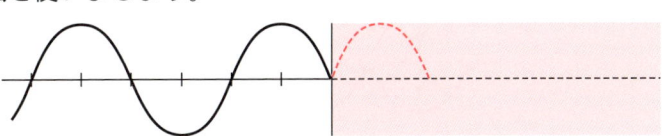

❷ 固定端の場合は写しとった「山」をひっくり返して「谷」にする
固定端の場合は山をひっくり返しましょう。

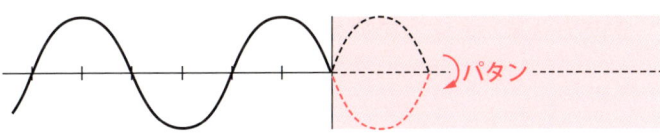

❸ 壁の中の山から波をなめらかに伸ばしていく
これで完成です。

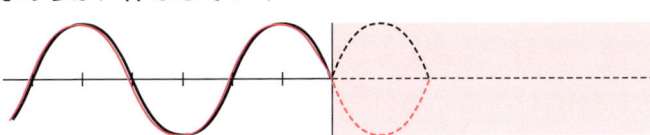

次に，入射波と反射波を合成しましょう。すると右のようになります。

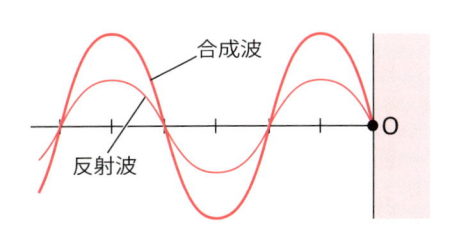

答 右図赤線

26 定常波

◎定常波とは

次の図のように入射波と反射波がぶつかると，赤色の線のような合成波が現れます。

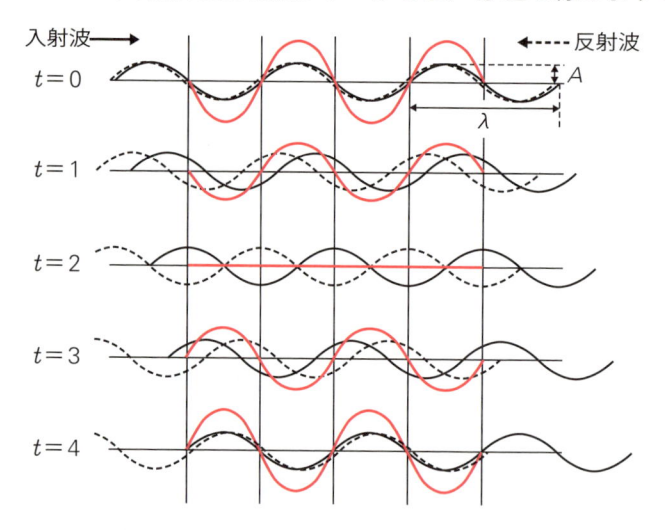

上の $t=0$〜4 までの波を，1つの図の上に重ね合わせると，次の範囲になります。

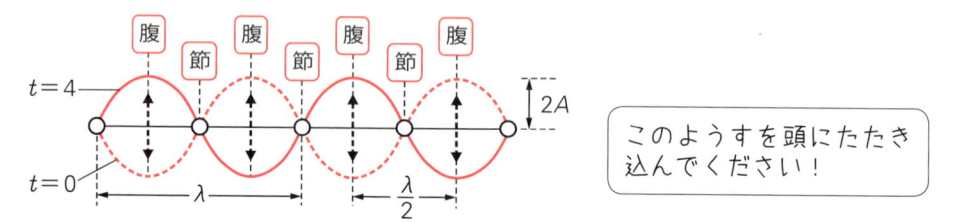

このように，**ある場所はバタバタと激しく振動し，ある場所はまったく振動せずに左右の動きが止まったように見える合成波**ができます。このような波を定常波といいます。

このようすを頭にたたき込んでください！

◎定常波の腹・節

上の図のように，定常波で**大きく振動する部分を腹，まったく振動しない部分を節**といいます。腹の振幅は，もとの波の振幅の2倍になります。

定常波は葉っぱのようなものがたくさん連なっているように見えますね。図をよく見ると「葉っぱ2枚分で1波長」であることがわかります。また**節と節，または腹と腹の間隔は半波長**（$\frac{1}{2}\lambda$）であることがわかります。

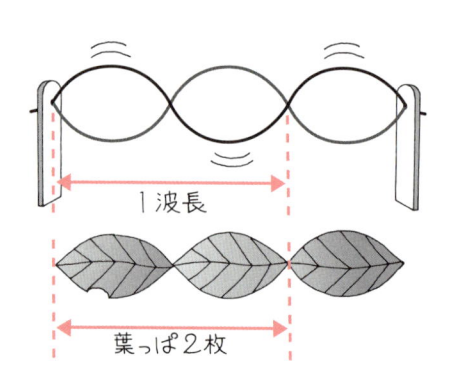

練習問題

問題 ❶ 次の①〜④に当てはまる数または言葉を書きなさい。

次の図のように，波長と振幅の等しい波が逆方向に伝わって定常波をつくっています。この定常波の波長は ① m，振幅は ② m です。また，この定常波の腹の位置の x 座標は ③ ，節の位置の x 座標は ④ です。

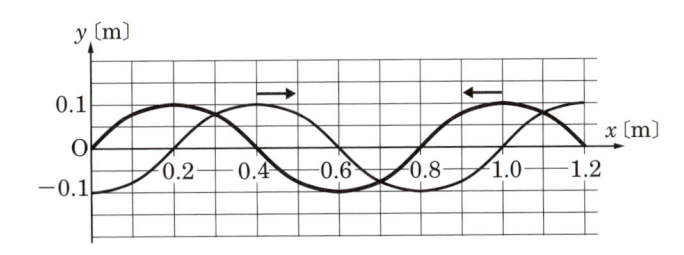

問題 ❷ 次の文章を読んで，あとの問いに答えなさい。

平面波が固定端で反射する場合には，固定端では①{腹・節}になり，反射波は入射波に対して②{同・逆}位相の波になる。対して，自由端での反射は，入射波に対して③{同・逆}位相で反射する。入射波と反射波が重なりあった合成波は，どちらにも進まない ④ となる。腹から次の腹までの距離は波長の ⑤ 倍である。

(1) 文中の①〜③には適するものを{ }から選び，④，⑤には適する言葉，数値を入れなさい。

(2) 下の図は，x 軸の正の向きに進む振幅 A の連続した波が自由端に達したときのようすを示しています。この波は順次反射して，定常波をつくります。この定常波の腹はどこにできますか。図中の記号 a, b, c, d, e で答えなさい。

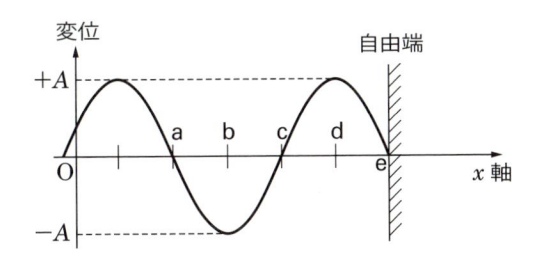

解答・解説は次のページ

練習問題 の解説

問題 ❶ 次の①~④に当てはまる数または言葉を書きなさい。

次の図のように，波長と振幅の等しい波が逆方向に伝わって定常波をつくっています。この定常波の波長は ① m，振幅は ② m です。また，この定常波の腹の位置の x 座標は ③ ，節の位置の x 座標は ④ です。

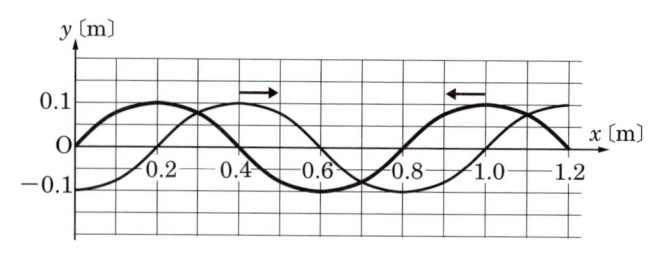

解説 まず，この瞬間の合成波を作図してみましょう。

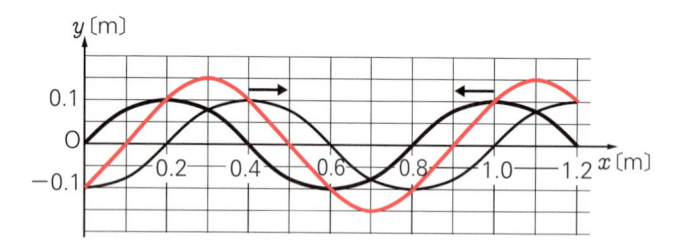

合成波を見てください。

振動していない「節」となる部分は，合成波が振動していない場所ですから，図より $x = 0.1,\ 0.5,\ 0.9$ だということがわかります。
また「腹」の部分は，振幅が最も大きいところなので，$x = 0.3,\ 0.7,\ 1.1$ だということがわかります。

次に，定常波の**波長**についてです。0.1 から 0.5 にかけて 1 つの山が，また 0.5 から 0.9 にかけて 1 つの谷があるので，0.1 から 0.9 までの長さ 0.8 m が 1 波長ですね。

最後に，定常波の**振幅**についてですが，**定常波の振幅は元の波の振幅の 2 倍**でした。よって $0.1 \times 2 = 0.2$ m となります。

答
① 0.8
② 0.2
③ $x = 0.3$ m, 0.7 m, 1.1 m
④ $x = 0.1$ m, 0.5 m, 0.9 m

26 定常波

問題 ❷ 次の文章を読んで，あとの問いに答えなさい。

平面波が固定端で反射する場合には，固定端では① {腹・節} になり，反射波は入射波に対して② {同・逆} 位相の波になる。対して，自由端での反射は，入射波に対して③ {同・逆} 位相で反射する。入射波と反射波が重なりあった合成波は，どちらにも進まない ④ となる。腹から次の腹までの距離は波長の ⑤ 倍である。

(1) 文中の①～③には適するものを { } から選び，④，⑤には適する言葉，数値を入れなさい。

(2) 下の図は，x 軸の正の向きに進む振幅 A の連続した波が自由端に達したときのようすを示しています。この波は順次反射して，定常波をつくります。この定常波の腹はどこにできますか。図中の記号 a，b，c，d，e で答えなさい。

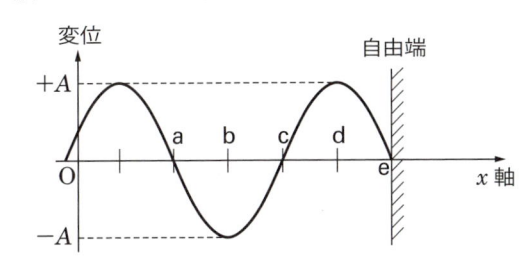

解説

(1) 固定端（の反射波が出る壁面）はその名のとおり「固定されている」ので媒質は動けません。そのため**固定端では必ず節**になります（①節）。また固定端での反射は，入射波に対して逆位相になります（②逆）。この逆位相で反射された反射波と入射波が重なることによって，固定端の合成波は常に節になります。

対して，自由端（の反射波が出る壁面）の反射は，同位相で反射されます（③同）。このため**自由端は腹の状態**となり，バタバタと振動します。

自由端・固定端に関わらず，**入射波と反射波が重なると定常波ができます**（④**定常波**）。定常波の腹と腹または節と節の間隔は，定常波の特徴により，**波長の半分**です（⑤ $\frac{1}{2}$ 倍）。

答 ①節 ②逆 ③同 ④定常波 ⑤ $\frac{1}{2}$

(2) **自由端反射**における定常波は右のようになります。自由端反射において**自由端 e は「腹」**となり，大きく振動します。この壁際の e から**半波長**（$\frac{1}{2}\lambda$）**ごとに腹が出てきます**。このことから腹の位置を自由端から作図をしていくと，e，c，a となります。

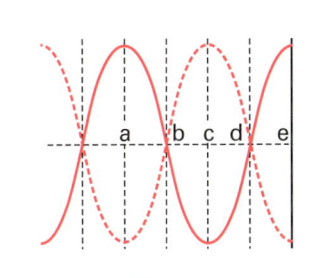

答 a，c，e

27 音波

◎音の基礎知識

音のなっている太鼓の膜をよくみると，膜が細かく振動しているのがわかります。

音は，空気の粒子が振動することによって伝わる**縦波**です。

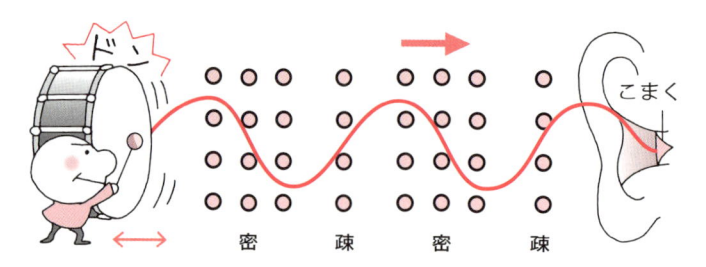

音は空気がない場所，たとえば宇宙空間では伝わりません。また音は粒子の運動によって伝わるため，**空気の温度 t〔℃〕で速さが変化します。音の速さ V〔m/s〕**は次の式で表せます。

> **音の速さ**　　$V = 331.5 + 0.6t$

この式をおぼえる必要はありませんが，**音速はおよそ 340 m/s** とおぼえておきましょう。

◎音の聞こえ方

音の大きさは**振幅 A**，**音の高さ**は**振動数 f** と関係があります。

人は 20 Hz 〜 20000 Hz の音を聞き取ることができます。**人が聞き取ることのできない高い音**は，**超音波**と呼ばれます。また音波の中に含まれる高音や低音の含まれ方によっても，音の聞こえ方はちがいます。これを**音色**といい，波形と関係があります。

大きさ，高さ，音色を音の3要素といいます。

また，**高さがわずかに異なる音**（振動数 f_1, f_2）が同時になると，それらが干渉し合うことによって，**うなり**が起こります。1秒間に聞こえるうなりの回数は，次の公式から求めることができます。

> **うなりの式　1秒間に聞くうなりの回数 $= |f_1 - f_2|$**

◎弦の振動

ピンと張った**弦**をはじくと，弦の中に音波が伝わり両端で反射が起こります。すると，さまざまなパターンの定常波が発生します。

次の図は，弦の長さを L にした弦楽器で，最も波長の長い振動から，少しずつ波長が短くなる振動パターンの定常波を並べたものです。

弦楽器は**両端を固定しているため，どのパターンでも両端が節になります。**

	基本振動	2倍振動	3倍振動
波長 λ	$2L$	L	$\dfrac{2}{3}L$
速さ v	v	v	v
振動数 f	$\dfrac{v}{2L}$	$\dfrac{v}{L}$	$\dfrac{3v}{2L}$

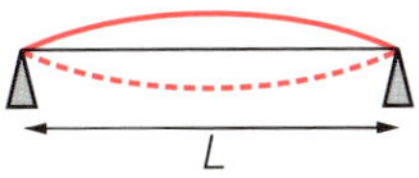

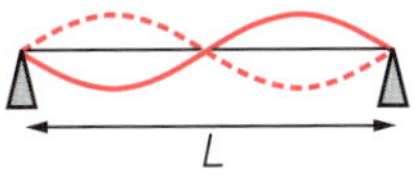

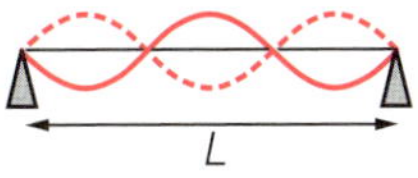

定常波の波長は，葉っぱ 2 枚分の長さを求めればよいです。たとえば，**波長が最も長い左側の定常波**を**基本振動**といい，この場合葉っぱ 1 枚の長さが L なので，波長は 2 枚の長さ，つまり $2L$ となります。

弦を伝わる波の速さを v とすると，波の式を使うことによって，振動数 f を求めることができます。それぞれのパターンの振動数を見ると，**中央が基本振動の 2 倍の振動数，右側の振動が基本振動の 3 倍の振動数**になっています。これが **2 倍振動**，**3 倍振動**という振動名の由来です。このような振動をまとめて**倍振動**といいます。

また弦を伝わる波の速さを v としましたが，この速さは弦の張力や弦の単位長さあたりの質量(**線密度**)と関係しています。

練習問題

問題 ❶ 振動数 440 Hz のおんさと 443 Hz のおんさを同時に鳴らしたとき，1 秒間に聞こえるうなりの回数は何回ですか。

問題 ❷ 長さ 0.90 m の弦に振動数 400 Hz の振動を加えたところ，弦には 3 倍振動の定常波ができました。この弦を伝わる波の速さを求めなさい。

問題 ❸ 次の図のような定常波をつくっている波の波長と，定常波の振動数を求めなさい。ただし弦を伝わる波の速さは 280 m/s とします。

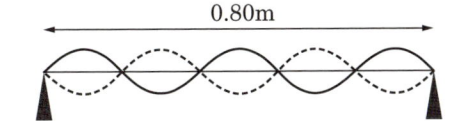

0.80 m

解答・解説は次のページ

練習問題 の解説

> **問題 ❶** 振動数 440 Hz のおんさと 443 Hz のおんさを同時に鳴らしたとき，1 秒間に聞こえるうなりの回数は何回ですか。

解説 うなりの式に代入しましょう。

$$1\text{秒間に聞くうなりの回数} = |443 - 440| = 443 - 440 = 3$$

答えからは絶対値記号を取り除くので，**単純に大きいほうから小さいほうを引いて求めればよいでしょう。**

答 3 回

> **問題 ❷** 長さ 0.90 m の弦に振動数 400 Hz の振動を加えたところ，弦には 3 倍振動の定常波ができました。この弦を伝わる波の速さを求めなさい。

解説 まず，3 倍振動の絵をかきます。

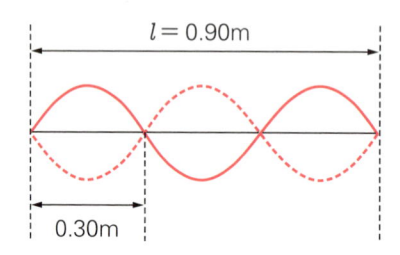

この絵をかくことによって，波長が求められます。

葉っぱ 2 枚の長さが 1 波長（λ）でした。全体の長さ（葉っぱ 3 枚）が 0.90 m なので，葉っぱ 1 枚の長さは 0.30 m です。よって，葉っぱ 2 枚の長さ，つまり 1 波長は 0.60 m となります。

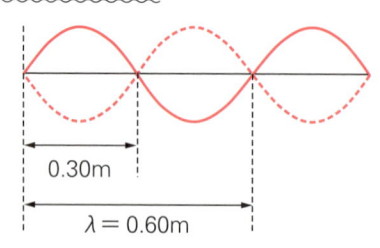

この波長と与えられた振動数を，**波の式**に代入しましょう。

$$v = f\lambda = 400 \times 0.6 = 240 = 2.4 \times 10^2 \text{ m/s}$$

答 2.4×10^2 m/s

27 音波

問題 ❸ 次の図のような定常波をつくっている波の波長と，定常波の振動数を求めなさい。ただし弦を伝わる波の速さは 280 m/s とします。

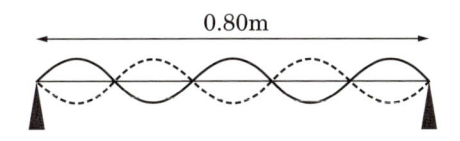

[図：0.80 m の弦に 5 つの腹をもつ定常波]

解説 はじめに，**定常波をつくっている波の波長**を求めてみましょう。

定常波は葉っぱ 2 枚の長さが 1 波長なので，葉っぱ 2 枚の長さを求めればいいのです。葉っぱは，この定常波の中に 5 枚入っています。1 枚の長さは

$$0.80 \div 5 = 0.16 \text{ m}$$

となります。

したがって，葉っぱ 2 枚の長さは，

$$0.16 \times 2 = 0.32 \text{ m}$$

となります。

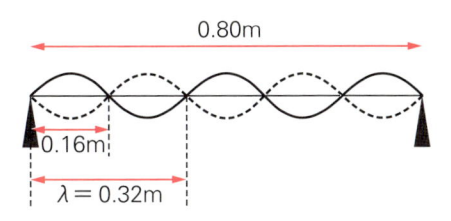

[図：0.80 m の定常波，葉っぱ 1 枚 0.16 m，$\lambda = 0.32$ m]

次に，定常波の**振動数**を求めます。**波の式**を使うと，

$$v = f\lambda$$
 ↑   ↑
280 0.32

振動数 f を求めると，

$$f = 280 \div 0.32 = 875 \fallingdotseq 8.8 \times 10^2 \text{ Hz}$$

となります。

答 波長：0.32 m，振動数：8.8×10^2 Hz

28 気柱の共鳴

◎気柱の共鳴(きょうめい)

笛に勢いよく息を吹き入れて笛の中の空気を振動させると，大きな音が鳴ります。物体は**振動しやすい振動数をもっていて，その振動数に合った周期的な力を受けると，大きく振動します。**この現象を**共鳴**(または**共振**)といいます。笛の共鳴は，笛の管の中にある空気（**気柱**(きちゅう)という）が**定常波**をつくることによって起こります。

管の形状には，両方が開いている**開管**と，片方が閉じている**閉管**があります。
まず開管にできる定常波のパターンは，波長の短いものから次のようになります。

	基本振動	2倍振動	3倍振動
波長 λ	$2L$	L	$\dfrac{2}{3}L$
速さ v	V(音速)	V	V
振動数 f	$\dfrac{V}{2L}$	$\dfrac{V}{L}$	$\dfrac{3V}{2L}$

気をつけなければならないのは，図でかかれた葉っぱのようすは，**気柱の中にできた「縦波」のようすを横波表示している**という点です。つまり管の両サイド，**口が開いたところで，空気が大きく振動しています。**これが開管の特徴です。

弦(げん)の場合と同様に，**葉っぱ2枚の長さから波長を求めて，音速を V（およそ340 m/s）とすると，振動数 f をそれぞれの振動パターンで求めることができます。**

この振動数を見てみると，中央の振動数が左側の基本振動の**2倍**，右側の振動数が基本振動の**3倍**となっているのがわかります。これがこれらの振動名の由来です。

次に閉管の場合，できる定常波の形は波長の長い順番に次の図のようになります。

	基本振動	3倍振動	5倍振動
波長 λ	$4L$	$\dfrac{4}{3}L$	$\dfrac{4}{5}L$
速さ v	V(音速)	V	V
振動数 f	$\dfrac{V}{4L}$	$\dfrac{3V}{4L}$	$\dfrac{5V}{4L}$

閉管では，管の左端，**閉じたところ**では空気の粒子は動けないので**節**となり，管の右端，**口の開いたところ**では大きく振動して**腹**となっています。

また振動数を見ると，前ページ下の図の**真ん中の振動数**は，基本振動の**3倍**，右側の振動数は基本振動の**5倍**になっていることがわかります。**閉管は振動パターンの名前に基本，3倍，5倍がついている**点にも注意が必要です。

◎開口端補正

実際の現象では，管の口の部分でぴったりと腹にならず，わずかにはみ出ています。このはみ出した部分の長さのことを**開口端補正**といいます。

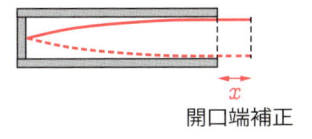

開口端補正

◎共鳴の3ステップ解法

弦や気柱の中に発生する定常波の問題は，次の3ステップで解くことができます。

共鳴の 3 ステップ解法

❶ 定常波の絵をかく
❷ 基本単位の葉っぱの長さを求め，葉っぱ2枚にする
❸ 波の式に代入する

練習問題

問題 ❶ 長さ L の弦にスピーカーをつなぎ，一定の振動数をあたえたところ，2倍振動で共振しました。このとき弦を伝わる波の速さを v とします。弦を伝わる波の振動数を求めなさい。

問題 ❷ 両端の開いた長さ 0.60 m の管の一端から，気柱に振動を加えました。振動数をじょじょに大きくしていったところ，振動数が 280 Hz のとき，はじめて大きな音が聞こえました。開口端補正は考えなくてかまいません。

(1) このとき管にできた定常波の波長を求めなさい。
(2) この波の速さを求めなさい。
(3) 振動数をさらに少しずつ大きくしていくと，一度音が小さくなり，その後再び音が大きく聞こえるようになりました。2回目に音が最も大きく聞こえたときの振動数を，有効数字2桁で求めなさい。

解答・解説は次のページ

練習問題 の解説①

> **問題 ❶** 長さ L の弦にスピーカーをつなぎ，一定の振動数をあたえたところ，2倍振動で共振しました。このとき弦を伝わる波の速さを v とします。弦を伝わる波の振動数を求めなさい。

解説 それでは**共鳴の3ステップ解法**を使って解いてみましょう。

❶ **定常波の絵をかく**

弦の2倍振動のようすをまずかきます。

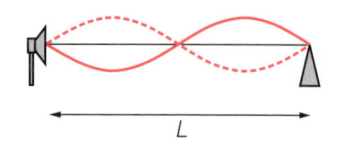

❷ **基本単位の葉っぱの長さを求め，葉っぱ2枚にする**

弦の振動の場合は，葉っぱ1枚の長さを求めて，それを2倍しましょう。

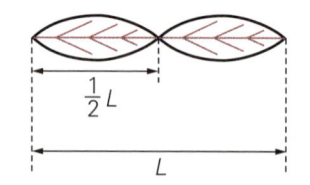

波長は L になりますね。

❸ **波の式に代入する**

最後に**波の式** $v = f\lambda$ を使って，**振動数**や**音速**を求めていきます。

答えは，$f = \dfrac{v}{L}$ となります。

答 $\dfrac{v}{L}$

28 気柱の共鳴

問題 ❷ 両端の開いた長さ 0.60 m の管の一端から，気柱に振動を加えました。振動数をじょじょに大きくしていったところ，振動数が 280 Hz のとき，はじめて大きな音が聞こえました。開口端補正は考えなくてかまいません。
(1) このとき管にできた定常波の波長を求めなさい。
(2) この波の速さを求めなさい。
(3) 振動数をさらに少しずつ大きくしていくと，一度音が小さくなり，その後再び音が大きく聞こえるようになりました。2回目に音が最も大きく聞こえたときの振動数を，有効数字 2 桁で求めなさい。

解説 (1), (2) これも**共鳴の3ステップ解法**にしたがいます。

❶ 定常波の絵をかく

280 Hz にしたときに共鳴が起こった，つまり**基本振動**になったわけです。そのときの絵をかきましょう。

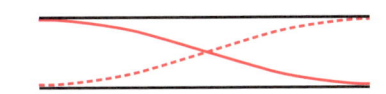

開管の場合は，両方の口で定常波が**腹**となりましたね。

❷ 基本単位の葉っぱの長さを求め，葉っぱ2枚にする

開管や閉管の場合は，「**葉っぱ半分の長さ**」を「**基本単位**」として，その長さ求めましょう。

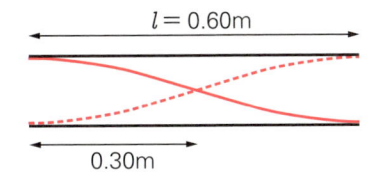

図のように葉っぱ半分の長さは 0.30 m となります。

この「葉っぱ半分」を 4 倍すれば，葉っぱ 2 枚（1 波長）になるので，葉っぱ 2 枚の長さは，

$$0.30 \times 4 = 1.2 \text{ m}$$

となります。これが(1)の答えの波長です。

❸ 波の式に代入する

最後に**波の式**に代入してみましょう。

$$v = f\lambda = 280 \times 1.2 = 336 = 3.4 \times 10^2 \text{ m/s}$$

となります。これが(2)の答えです。 **答** (1) **1.2 m** (2) **3.4×10^2 m/s**

練習問題 の解説②

(3) 共鳴の3ステップ解法を使いましょう。

❶ 定常波の絵をかく

振動数を今よりも大きくすると何が起こるのでしょうか。**波の式**を見てみましょう。

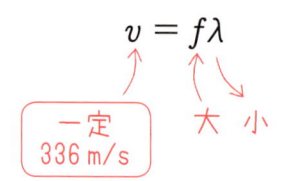

$$v = f\lambda$$

（一定 336 m/s）　大　小

波の式の左辺にある音速 v は気温によって変化しますが，**今回は一定で何も変わりません**。このため振動数を大きくすると，波長が小さくなります。よって，基本振動よりも**波長が1つ短い定常波**が次に起こるときに，音が大きくなります。

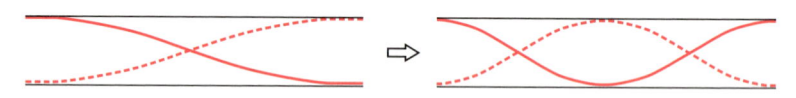

❷ 基本単位の葉っぱの長さを求め，葉っぱ2枚にする

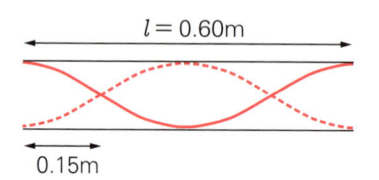

$l = 0.60$ m

0.15 m

葉っぱ半分の長さを求めるために，基本単位（葉っぱ半分）に切り分けます。図より葉っぱ半分の長さは 0.15 m です。

これを4倍すると1波長になるので，$0.15 \times 4 = 0.60$ m となります。

❸ 波の式に代入する

波の式に音速 v，波長 λ をそれぞれ代入しましょう。

$$v = f\lambda$$

336　　0.60

f について解くと，$f = 560$ Hz となります。

答 5.6×10^2 Hz

応用問題 〈気柱の共鳴〉

問題 1 図のような，なめらかに動くことのできるピストンのついた閉管があります。閉管の一端にスピーカーを置き，発振器を使って振動数 f [Hz]の音を発しました。
ピストンをスピーカー側の端からじょじょに動かしたところ，気柱の長さが l [m]になったとき，はじめて共鳴しました。開口端補正は考えなくてよいものとして，次の問いに答えなさい。

(1) 音の伝わる速さを求めなさい。

(2) スピーカーの振動数は変化させずに，さらにピストンを動かし，気柱を長くしていったとき，次に共鳴するのは気柱の長さがいくらになったときですか。

問題 2 図のように，ガラス管の管口の近くでおんさを鳴らしながら水面をゆっくり下げていったところ，管口から水面までの距離が 19.0 cm と 59.0 cm のときに共鳴が生じました。音の速さを 344 m/s とし，開口端補正は常に一定であるとして，次の問いに答えなさい。

(1) 共鳴する気柱内に管口を腹，水面を節とする定常波が生じます。この定常波の波長を求めなさい。

(2) この定常波の腹の位置は管口より少し外側にずれます。開口端補正（管口から何 cm 外側にずれるか）を求めなさい。

(3) おんさの振動数を求めなさい。

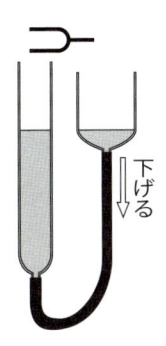

応用問題の解説①

問題 1 図のような，なめらかに動くことのできるピストンのついた閉管があります。閉管の一端にスピーカーを置き，発振器を使って振動数 f [Hz] の音を発しました。ピストンをスピーカー側の端からじょじょに動かしたところ，気柱の長さが l [m] になったとき，はじめて共鳴しました。開口端補正は考えなくてよいものとして，次の問いに答えなさい。

(1) 音の伝わる速さを求めなさい。
(2) スピーカーの振動数は変化させずに，さらにピストンを動かし，気柱を長くしていったとき，次に共鳴するのは気柱の長さがいくらになったときですか。

解説 (1) 共鳴の3ステップ解法を使って解きましょう。

❶ 定常波の絵をかく

スピーカーの振動数 f は一定で，気温も変化していませんから，音速 v も変化しません。つまり $v = f\lambda$ の v と f が一定なので，おのずと λ も変化しないことがわかります。

閉管の場合は，**左側の管が開いたところが腹**になり，ピストン部分の**管が閉じたところが節**になる必要があります。
しかしながら，ピストンが下図のように中途半端な位置にあると，うまく定常波ができません。

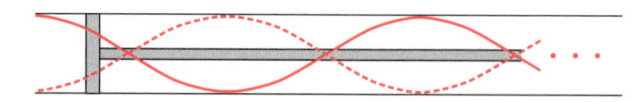

したがって，管の中に定常波ができそうなポイントを管の口からかいていくと，次の図のようにたくさんあります。

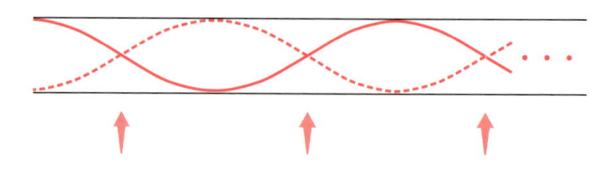

154

〈気柱の共鳴〉

よってピストンを引いていったとき，はじめて共鳴する位置は，次の場所になります。ここが l の位置です。

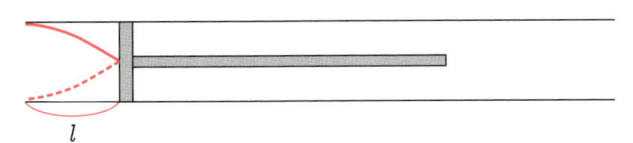

❷ **基本単位の葉っぱの長さを求め，葉っぱ 2 枚にする**

この場合，図から基本単位（葉っぱ半分）の長さは l です。これを 4 倍すれば葉っぱ 2 枚，1 波長となりますから，その長さは $4l$ となります。

❸ **波の式に代入する**

波の式に代入しましょう。
$v = f\lambda$ より，
$$v = f \times 4l = 4fl$$
となります。

答 $4fl$

(2) 次に共鳴が起こるのは，やはり閉管の条件が成り立つ，**左側が腹，右側が節**になる場所ですから，

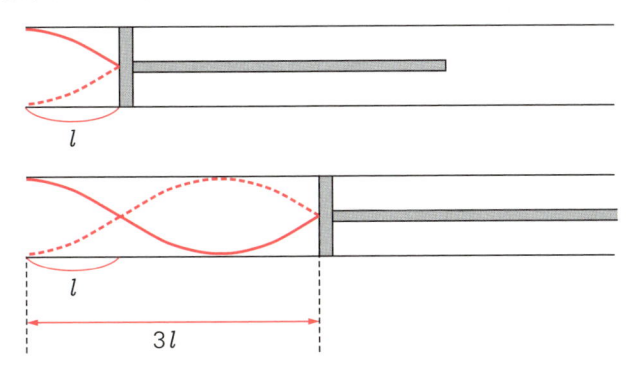

のような形になったときです。

よって，図より閉管の長さが $3l$ になったときです。

答 $3l$

応用問題 の解説②

問題 2 図のように，ガラス管の管口の近くでおんさを鳴らしながら水面をゆっくり下げていったところ，管口から水面までの距離が 19.0 cm と 59.0 cm のときに共鳴が生じました。音の速さを 344 m/s とし，開口端補正は常に一定であるとして，次の問いに答えなさい。

(1) 共鳴する気柱内に管口を腹，水面を節とする定常波が生じます。この定常波の波長を求めなさい。

(2) この定常波の腹の位置は管口より少し外側にずれます。開口端補正（管口から何 cm 外側にずれるか）を求めなさい。

(3) おんさの振動数を求めなさい。

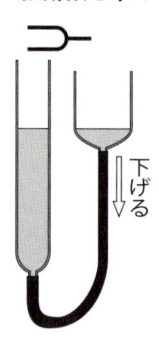

解説 (1), (2) はじめに共鳴した位置は，次のような場所です。**開口端補正**があるので，管口よりも外側にはみ出した図をかきましょう。

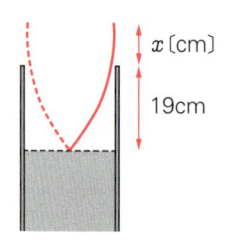

この絵を見て，葉っぱの半分の長さが 19 cm だから，1 波長はその 4 倍の 76 cm だ！と考えてしまうのはまちがいですよ。

開口端補正を含めた $(19 + x) \times 4$ cm であれば正しいのですが，**今の段階では開口端補正 x はわかりません**。

それではどのようにして波長を求めればよいのでしょうか。開口端補正が必要な問題の場合には，必ず**条件が 2 つ提示**されています。
コツは 2 回目に共鳴が起きた 59 cm の位置も並べて作図することにあります。

〈気柱の共鳴〉

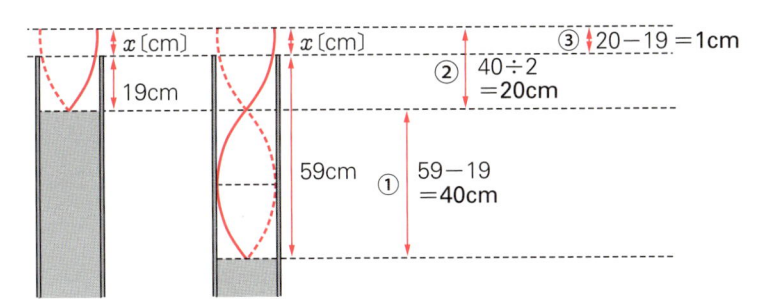

図を並べてみると，開口端補正 x が邪魔だったのですが，59 から 19 を引くと，図のように**葉っぱ1枚の長さ（40 cm）を求めることができます**（①）。

次にそこから葉っぱ半分の長さを求めてみると，20 cm だということがわかります（②）。

最後に図全体のようすをよく見ると，③のように，20 から 19 を引くことで，はみ出し部分の長さ x を求めることができます。答えは $x = 1$ cm ですね。

次に波長を求めてみましょう。葉っぱ1枚の長さが 40 cm だったので，この2枚分が，1 波長ですね。

答 (1) 80.0 cm　(2) 1.0 cm

(3) **音速 v と波長 λ を波の式に代入**してみましょう。

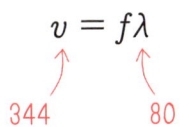

$$v = f\lambda$$

　　344　　80

これを計算すると，4.3 Hz となります。あれ？何かおかしくありませんか？

4.3 Hz というのは小さすぎる振動数で，人間の耳ではとらえることができません。これはどこかにまちがいがありそうです。わかりますか？

まちがえているのは単位です。80 cm ではなく，0.80 m として **m になおしてから数式に代入**しましょう。

$$v = f\lambda$$

　　344　　0.80

これを計算すると，430 Hz となります。
物理では基本的に，単位を m，kg，s（秒）になおして計算をしていくのでしたね。

答 430 Hz

第4章 波動

29 静電気と自由電子

◎原子の構造

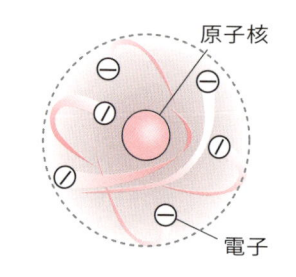

原子は，中心にありプラス（正）の電気をもつ**原子核**と，そのまわりを回る**マイナス（負）の電気をもつ電子**でできています。

通常，原子核のプラスの電気の大きさ（**電気量**）と，そのまわりを回る複数の電子のマイナスの電気量の和は等しくなっており，**原子全体の電気量は0になっています**。

電気量の単位には，**C（クーロン）**を使います。電気の最小単位は，電子1つのもつ電気の大きさで，これを**電気素量**といいます。電気素量は，およそ 1.6×10^{-19} C です。

◎静電気

物質には，**電子を受けとりやすい性質の物質**と，**電子が離れやすい性質の物質**があります。

たとえば，髪の毛に下じきをこすりつけると，髪の毛から下じきに電子が移動して**静電気**が発生します。

ある物質（髪の毛）から電子が離れていくと，その原子は**マイナスの電気が抜けた分，全体としてプラスの電気をもつようになります**。その電子が移った先の物質（下じき）は，全体としてマイナスの電気を過剰にもつようになります。これが静電気の正体です。電気をもつことを**帯電**といい，帯電している物体を**帯電体**といいます。また，帯電体のもつ電気を**電荷**といいます。

◎自由電子と箔検電器

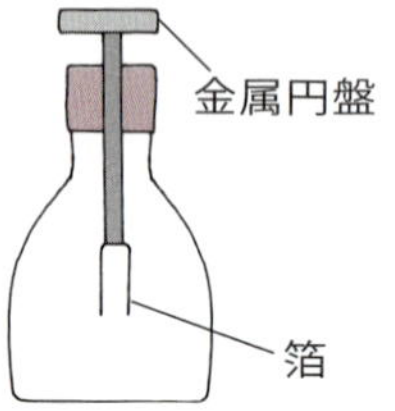

箔検電器という右の図のような装置の，金属円盤の近くに物体を近づけると，その物体の帯電のようすが，**箔の開き具合からわかります**。これは金属中で**自由に動き回れる電子**（**自由電子**）と関係しています。

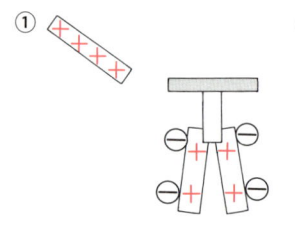

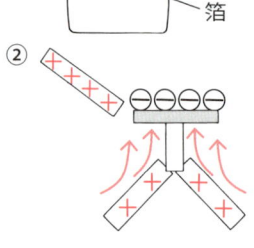

箔検電器の金属円盤にプラスに帯電した棒を近づけると，箔から金属円盤に電子が移動して，2枚の箔がプラスに帯電します。その結果，箔どうしが反発しあい，箔が開きます（図の①→②）。

同様に，金属円盤にマイナスに帯電した棒を近づけると，金属円盤から箔に電子が移動して箔がマイナスに帯電するので，この場合でも箔が開きます。

◎電流と電子の流れ

電流は電池のプラス極からマイナス極にプラスの電気をもつ何かが流れていると考えて定義されました。しかし，後になって，実際に導線の中に流れているのは「**マイナスの電気をもつ電子**」で，その流れは**電池のマイナス極からプラス極への向き**であることがわかりました。

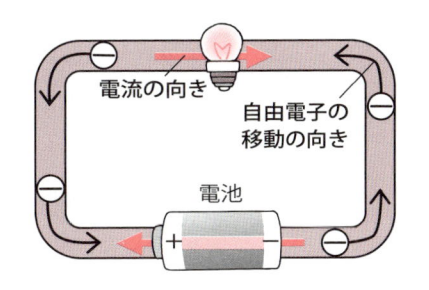

それでも，電流の定義は変えずに，**電流はそのままプラスの電荷の流れ**として，今でも使われています。このままでも，電気量の計算では問題はありません。

電流の大きさ I〔A〕は，通過する電気量の大きさ q〔C〕と時間 t〔s〕を使って表されます。

> 電流の大きさの式　　$I = \dfrac{q}{t}$〔A〕　　電流 $= \dfrac{電気量}{時間}$

これは，導線の断面を 1 秒間に何 C の電気が通過したかということを示しています。

練習問題

問題 ❶ 金属線を 3.2 A の電流が流れています。電子の電気量を -1.6×10^{-19} C とすると，金属線の断面を 1 秒間に移動する自由電子は何個ですか。

問題 ❷ 箔検電器を用いた静電気の実験を行いました。次の各問いの答えを，それぞれ下の**ア～キ**から選びなさい。

(1)「負」に帯電した塩化ビニル棒を箔検電器の金属円盤に近づけると，箔が開きました。箔が開く理由を答えなさい。

(2)「正」に帯電したアクリル棒を箔検電器の金属円盤に近づけ，箔が開いているときに指を金属円盤にふれると，箔はどうなりますか。

(3) (2)のあと，金属円盤から指を離してから，アクリル棒を遠ざけると，箔はどうなりますか。

ア　金属円盤は負，箔は正に帯電して，箔は開く。
イ　金属円盤は正，箔は負に帯電して，箔は開く。
ウ　金属円盤は負，箔も負に帯電して，箔は開く。
エ　金属円盤は正，箔も正に帯電して，箔は開く。
オ　金属円盤は負に帯電するが，箔は帯電しないので，箔は閉じる。
カ　金属円盤は正に帯電するが，箔は帯電しないので，箔は閉じる。
キ　金属円盤と箔はどちらも帯電しないので，箔は閉じる。

解答・解説は次のページ

練習問題 の解説

> **問題 ❶** 金属線を 3.2 A の電流が流れています。電子の電気量を -1.6×10^{-19} C とすると、金属線の断面を 1 秒間に移動する自由電子は何個ですか。

解説 電流とは、「1秒間に導線の断面を通過する電気量」のことです。3.2 A の電流ということは、<u>1秒で3.2 C の電気量が断面を通過していることになります。</u>
1個の電子のもつ電気量の大きさは問題文のように 1.6×10^{-19} C なので、このときに通過した自由電子の数を、比を使って求めてみましょう。

$$1.6 \times 10^{-19} \text{C} : 電子1個 = 3.2 \text{C} : 電子 X 個$$

これを解くと、

$$X = \frac{3.2}{1.6 \times 10^{-19}}$$
$$= 2.0 \times 10^{19}$$

よって、2.0×10^{19} 個となります。

答 2.0×10^{19} 個

> **問題 ❷** 箔検電器を用いた静電気の実験を行いました。次の各問いの答えを、それぞれ下のア〜キから選びなさい。
> (1) 「負」に帯電した塩化ビニル棒を箔検電器の金属円盤に近づけると、箔が開きました。箔が開く理由を答えなさい。
> (2) 「正」に帯電したアクリル棒を箔検電器の金属円盤に近づけ、箔が開いているときに指を金属円盤にふれると、箔はどうなりますか。
> (3) (2)のあと、金属円盤から指を離してから、アクリル棒を遠ざけると、箔はどうなりますか。
> ア 金属円盤は負、箔は正に帯電して、箔は開く。
> イ 金属円盤は正、箔は負に帯電して、箔は開く。
> ウ 金属円盤は負、箔も負に帯電して、箔は開く。
> エ 金属円盤は正、箔も正に帯電して、箔は開く。
> オ 金属円盤は負に帯電するが、箔は帯電しないので、箔は閉じる。
> カ 金属円盤は正に帯電するが、箔は帯電しないので、箔は閉じる。
> キ 金属円盤と箔はどちらも帯電しないので、箔は閉じる。

29 静電気と自由電子

解説 (1) 負に帯電した棒を近づけると，箔検電器の金属円盤の表面の自由電子が反発して，できるだけ遠くに移動します。

このため，**箔の部分にマイナスの自由電子が移動して，箔は負に帯電します**。対して，金属円盤は自由電子が少なくなってしまうため，正に帯電します。

答 イ

(2) 正の帯電棒を金属円盤に近づけると，図の左のように箔の自由電子が帯電棒の近くに移動して，**箔は開きます**。

このとき箔は，電荷のバランスが崩れていますし，また重力に逆らって静電気力によって開いているので実は**不安定な状態**です。

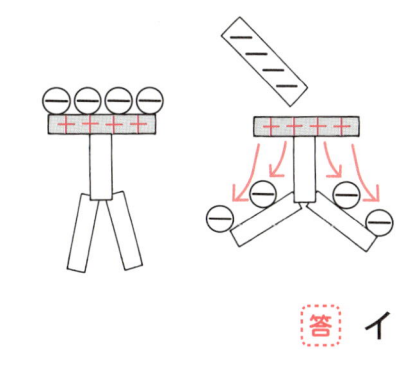

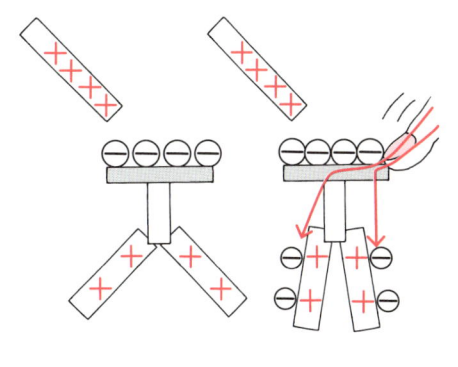

金属円盤を指でさわると，図の右のように指から自由電子が箔の場所に移動して，**プラスの電気がマイナスの電気とセットになるので，箔の電気量が0になります**。そのため，**静電気力がなくなり，箔は閉じます**。

目には見えませんが，**私たちのからだにも，電子など電気をもつ粒子がたくさんありますので，私たちのからだに電気を流そうとする力（電圧）がはたらくと，電流が流れます**。

答 オ

(3) 箔検電器から指を離すと，もう電気が出入りできる道がなくなります。

次に，アクリル棒を遠ざけると，棒のプラスの電荷によって引きつけられていた自由電子は，その場所にいることができなくなります。**自由電子どうしはマイナスなので，たがいに反発する**からです。

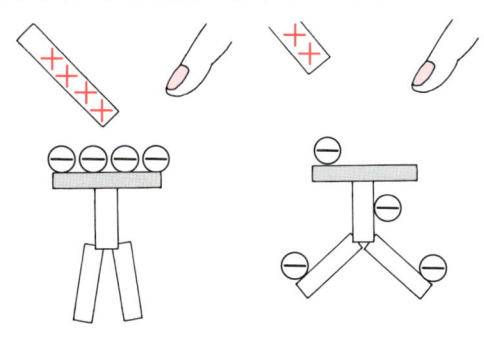

このため，**箔検電器全体が自由電子を過剰にもつ状態**になります。全体に広がった自由電子によって箔が全体としてマイナスに帯電するので，たがいに反発しあい，開きます。

答 ウ

第5章 電気

161

30 オームの法則

◎オームの法則

電圧とは，電流を流そうとする性質のことを指します。たとえば，一般的な乾電池なら 1.5 V の電圧をもっているので，これを電気回路につなぐと導線や抵抗の中にあった電荷が力を受けて，動きはじめます。これが電流の流れている状態です。

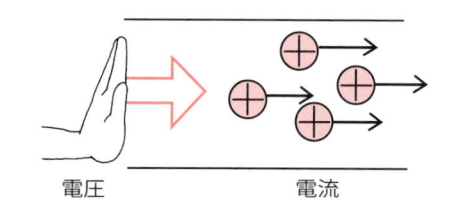

このとき回路に流れる電流は，右の関係式で表されます。これを，オームの法則といいます。

> オームの法則の式　　$V = IR$ 〔V〕

右辺の R 〔Ω〕を抵抗といい，この大きさは電流の流れにくさを示します。たとえば，抵抗 R が大きいと，電圧 V を大きくしても電流 I はあまり流れません。

実際の回路では，豆電球や発熱器などが大きな抵抗値をもっています。

◎導体・不導体・半導体

金属のように電流をよく流す物質を，導体といいます。

対して，ゴムのように電圧をかけてもほとんど電流が流れない物質を，不導体といいます。また，ケイ素などのように，導体と不導体の中間の抵抗をもった物質を，半導体といいます。

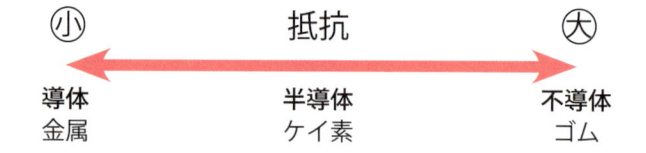

小　←　抵抗　→　大

導体　　　　半導体　　　　不導体
金属　　　　ケイ素　　　　ゴム

◎水路モデルで考えてみよう

電流を水の流れ，電池をポンプ，抵抗を水車と考えて，水の流れを見てみると，電気回路の様子がイメージしやすくなります。

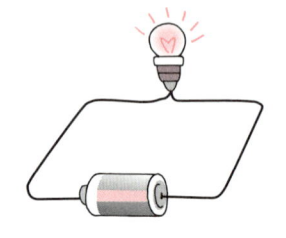

このとき，「電池は電荷をつくる場所ではない」ということに留意しましょう。電池はポンプのようなもので，プラスの電荷を高い位置にもち上げて，電荷を流す役割をしています。また電圧が大きなポンプ（電池）ほど，高い場所に水（電荷）をもち上げることができます。抵抗では，電気エネルギーが光や熱エネルギーとなります。これは，水車が水の位置エネルギーを消費して回るイメージです。

◎抵抗の式

右の式のように，長さ L が大きいほど抵抗は大きくなり，断面積 S が小さいほど抵抗は大きくなります。

ρ を抵抗率といい，物質の種類や温度で決まる定数です。

$$R = \rho \frac{L}{S} \ [\Omega \cdot m]$$

◎電気エネルギー

電流を抵抗に流すと，電気エネルギーが熱 Q（ジュール熱という），仕事 W（この仕事の量を電力量という）に変化します。このときに発生するエネルギー量は，次の式で表されます。

> **ジュール熱と電力量の式** $\quad Q = W = IVt \ [J]$

水路モデルでイメージすると，水量を大きくしたり（図1：電流 I 大），高いところから水を落としたり（図2：電圧 V 大），長い時間（t）水を落とし続けたりすると，水車が速く回ったり，長く回ったりする（**大きな別のエネルギーに変換される**）ということに相当します。

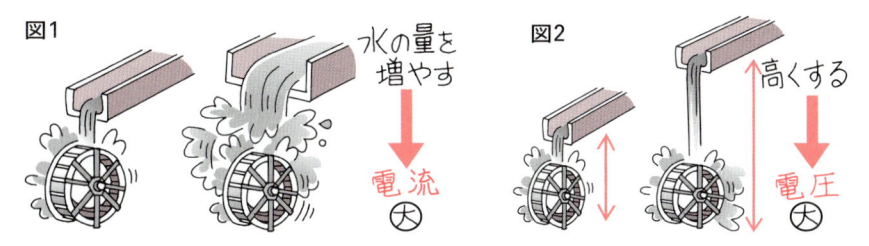

図1　水の量を増やす　電流大

図2　高くする　電圧大

また，IV を電力といいます。電力は**単位時間の電気エネルギーの量**〔W〕を示します。

> **電力の式** $\quad P = IV \ [W] \quad$ 電力 ＝ 電流 × 電圧

電力 P を使ってジュール熱や電力量を表すと，$Q = W = Pt$ となります。

電力量を表すには，ジュールのほかにワット時（Wh）という単位も使います。電力 1 W の電気機器を 1 時間使い続けたときの電力量が 1 Wh です。

練習問題

問題 ❶ ある抵抗にはたらく電圧を変化させたところ，電圧と電流の関係についてグラフのような結果になりました。この抵抗の抵抗値を求めなさい。

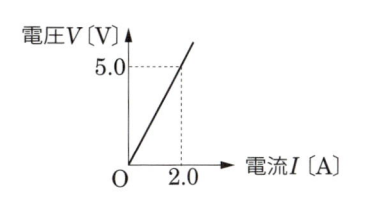

電圧 V〔V〕　5.0　2.0　電流 I〔A〕

問題 ❷ 長さ 2.0 m，断面積 $4.0 \times 10^{-7} \ m^2$ の導線に，1.5 V の電圧をかけたところ，1.2 A の電流が流れました。導線の抵抗率〔$\Omega \cdot m$〕を求めなさい。

解答・解説は次のページ

第5章　電気

練習問題 の解説

問題 ① ある抵抗にはたらく電圧を変化させたところ，電圧と電流の関係についてグラフのような結果になりました。この抵抗の抵抗値を求めなさい。

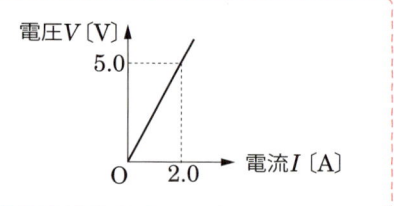

解説 グラフから電流と電圧の値を読み取ると，電流が2Aのときに，電圧は5Vになっていることがわかります。

これらの値を**オームの法則の式**に代入しましょう。

$$V = IR$$

　　5.0　2.0

これを抵抗Rについて解くと，

$$R = \frac{5}{2} = 2.5 \, \Omega$$

となります。

答 2.5 Ω

問題 ② 長さ2.0 m，断面積 $4.0 \times 10^{-7} \, m^2$ の導線に，1.5 Vの電圧をかけたところ，1.2 Aの電流が流れました。導線の抵抗率〔Ω・m〕を求めなさい。

解説 まずは，状況を絵にして表してみましょう。

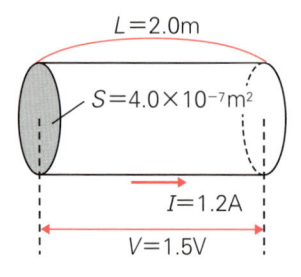

L=2.0m
S=4.0×10⁻⁷m²
I=1.2A
V=1.5V

抵抗率 ρ を求めたいので，**抵抗の式**を書きます。

$$R = \rho \frac{L}{S}$$

30 オームの法則

導線の長さ L，断面積 S はわかっているので，もし抵抗 R がわかれば，抵抗率 ρ を求めることができますね。

電流と電圧が与えられているので，抵抗 R を**オームの法則**で考えてみましょう。

$$V = IR$$

（V: 1.5，I: 1.2）

これを解くと，抵抗値は，

$$R = \frac{1.5}{1.2} = 1.25 \ \Omega$$

となります。

では，ここで求めた R と，問題で与えられた L, S を**抵抗の式**に代入して，抵抗率 ρ を求めてみましょう。

$$R = \rho \frac{L}{S}$$

（R: 1.25，L: 2.0，S: 4.0×10^{-7}）

これを解くと，

$$\rho = R \frac{S}{L}$$
$$= 1.25 \times \frac{4.0 \times 10^{-7}}{2.0}$$
$$= 2.5 \times 10^{-7} \ \Omega \cdot \text{m}$$

となります。

答 $2.5 \times 10^{-7} \ \Omega \cdot \text{m}$

31 直列接続と並列接続

◎直列接続・並列接続の公式

電池と1つの豆電球を接続したときの明るさを1とします。2つの豆電球と電池を<u>直列</u>に接続すると，それぞれの豆電球は暗くなり，明るさは半分の0.5になります。しかし<u>並列</u>に接続すると，どちらも明るさは1になります。なぜこのようになるのでしょうか。

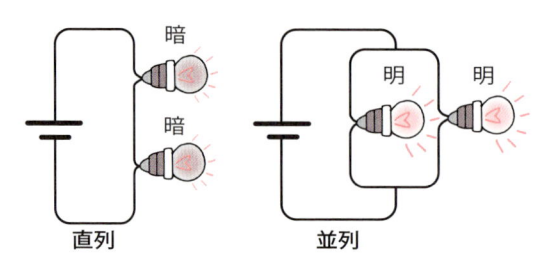

これはつなぎ方のちがいによって，豆電球（抵抗）に流れる**電流や電圧が変化する**からです。**水路モデル**で考えてみましょう。

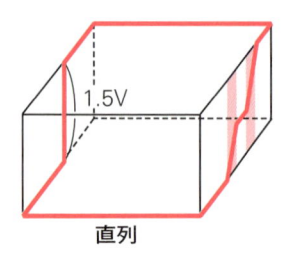

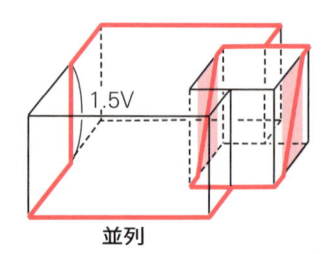

図のように**直列**の場合には，電池からもらった1.5Vという電圧は，**2つの抵抗で分けて使**われます。対して**並列**の場合には，1.5Vの電圧が**1つ1つの抵抗でそのまま使われます**。これが，明るさのちがいの原因です。

複数の抵抗を1つの抵抗にまとめたときの抵抗値を，<u>合成抵抗</u>といいます。それぞれの接続における合成抵抗は，次のように表されます（公式の導き方については<u>練習問題❸</u>を参照）。

> 直列接続の公式：$R = R_1 + R_2$
> 並列接続の公式：$\dfrac{1}{R} = \dfrac{1}{R_1} + \dfrac{1}{R_2}$

◎電気回路の3ステップ解法

回路の問題を解くときには，ついつい無意識に合成抵抗の公式を使いたくなるのですが，そこはグッとガマンをして，次の3ステップで解いてみましょう。

電気回路の 3 ステップ解法

❶ 抵抗に流れる電流，電圧の大きさをそれぞれ I, V などとおく
❷ それぞれの抵抗でオームの法則の式をつくる
❸ 電源の電圧と，各抵抗にかかる電圧について，水路モデルを意識しながら等式で結ぶ

練習問題

問題 ❶ $4.0\,\Omega$，$6.0\,\Omega$ の抵抗と $9.0\,V$ の電池を直列に接続しました。このとき回路に流れる電流の大きさは何 A ですか。

問題 ❷ 次の文章を読んで，(1)〜(4)に入る数値を求めなさい。

図 1 のように，$100\,\Omega$ の抵抗 2 個と $6.0\,V$ の電源を用いて回路をつくり，回路で消費される電力を調べました。この回路に流れる電流は (1) A です。また，1 個の抵抗で消費される電力は (2) W です。

次に，図 2 のように，$100\,\Omega$ の抵抗と $200\,\Omega$ の抵抗を $6.0\,V$ の電源に並列接続しました。このとき，$200\,\Omega$ の抵抗にかかる電圧は (3) V です。また，$100\,\Omega$ の抵抗で消費される電力は (4) W になります。

図 1
$100\,\Omega$ $100\,\Omega$
$6.0\,V$

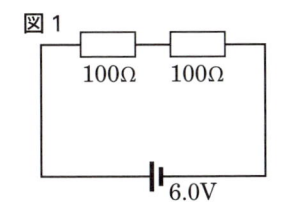

図 2
$100\,\Omega$
$200\,\Omega$
$6.0\,V$

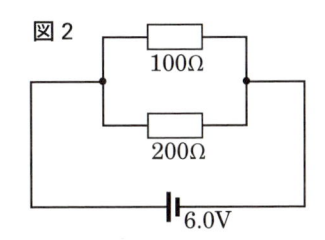

問題 ❸ 2 つの抵抗（抵抗値 R_1 と R_2）を，電圧 V の電池と，直列および並列につないだときを考えて，直列接続・並列接続における，合成抵抗の公式を導きなさい。

問題 ❹ 抵抗値がそれぞれ $R_1 = 4.0\,\Omega$, $R_2 = 6.0\,\Omega$, $R_3 = 3.6\,\Omega$ の抵抗を，右の図のように接続しました。

(1) 全体の合成抵抗を求めなさい。
(2) R_1, R_2, R_3 に流れる電流の大きさをそれぞれ求めなさい。

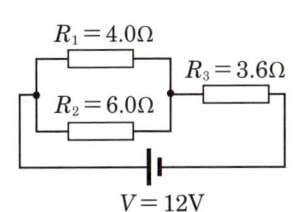

$R_1 = 4.0\,\Omega$
$R_2 = 6.0\,\Omega$
$R_3 = 3.6\,\Omega$
$V = 12\,V$

解答・解説は次のページ

練習問題 の解説①

> **問題 ❶** 4.0 Ω，6.0 Ω の抵抗と 9.0 V の電池を直列に接続しました。このとき回路に流れる電流の大きさは何 A ですか。

解説 電気回路の3ステップ解法にしたがいましょう。

❶ 抵抗に流れる電流，電圧の大きさをそれぞれ I，V などとおく

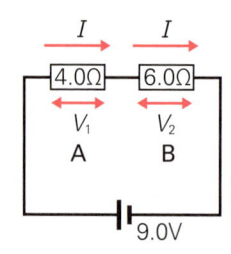

直列接続の場合は2つの抵抗には**同じ量の電流が流れる**ので，同じ文字 I としました。

❷ それぞれの抵抗でオームの法則の式をつくる

$$A の抵抗：V_1 = I \times 4 \quad \cdots ⓐ$$
$$B の抵抗：V_2 = I \times 6 \quad \cdots ⓑ$$

❸ 電源の電圧と，各抵抗にかかる電圧について，水路モデルを意識しながら等式で結ぶ

電池からもらった9Vの電圧が，Aの抵抗にはたらく電圧 V_1 とBの抵抗にはたらく電圧 V_2 で消費されているので，次のような等式をつくることができます。

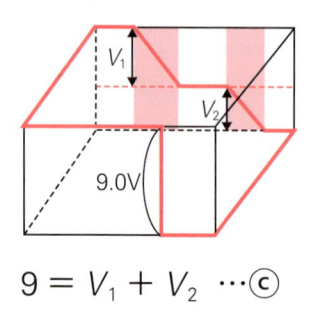

$$9 = V_1 + V_2 \quad \cdots ⓒ$$

ⓐ，ⓑの電圧をⓒの式に代入して，電流について求めると，

$$I = 0.90 \text{ A}$$

となります。

答 0.90 A

31 直列接続と並列接続

問題 ❷ 次の文章を読んで，(1)〜(4)に入る数値を求めなさい。

図1のように，100 Ωの抵抗2個と6.0Vの電源を用いて回路をつくり，回路で消費される電力を調べました。この回路に流れる電流は (1) Aです。また，1個の抵抗で消費される電力は (2) Wです。

次に，図2のように，100 Ωの抵抗と200 Ωの抵抗を6.0Vの電源に並列接続しました。このとき，200 Ωの抵抗にかかる電圧は (3) Vです。また，100 Ωの抵抗で消費される電力は (4) Wになります。

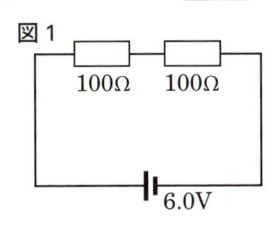

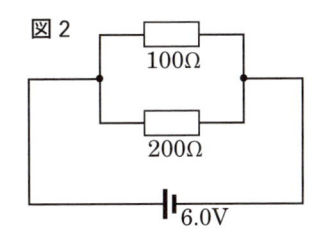

図1　　　　　　　　　図2

解説 (1), (2) 電気回路の3ステップ解法を使いましょう。

❶ **抵抗に流れる電流，電圧の大きさをそれぞれ I, V などとおく**

まず，それぞれの抵抗に名前をつけます。今回は，抵抗①，抵抗②としました。**直列接続なので，2つの抵抗に流れる電流は同じ大きさになります。** そこで，Iとして同じ文字を使いました。また，電圧はそれぞれ V_1, V_2 としました。

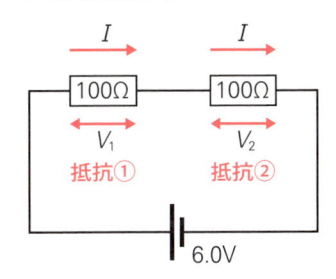

❷ **それぞれの抵抗でオームの法則の式をつくる**

$$抵抗①：V_1 = I \times 100 \quad \cdots ⓐ$$
$$抵抗②：V_2 = I \times 100 \quad \cdots ⓑ$$

❸ **電源の電圧と，各抵抗にかかる電圧について，水路モデルを意識しながら等式で結ぶ**

$6 = V_1 + V_2$ となるので，これにⓐ，ⓑを代入します。

$$6 = 100I + 100I$$

これを電流 I について解くと次のようになります。

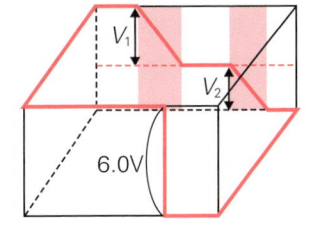

$$I = 0.03 \, \text{A}$$

169

練習問題 の解説②

この値を ⓐ と ⓑ に戻すと，

$$V_1 = V_2 = 0.03 \times 100 = 3.0 \text{ V}$$

となります。

次に，**電力 P** を求めてみましょう。
1つの抵抗で消費される電力は，電力の式 $P = IV$ より，

$$P = 0.03 \times 3 = 0.09 \text{ W}$$

となります。

答 (1) 3.0×10^{-2} (2) 9.0×10^{-2}

(3), (4) 電気回路の3ステップ解法を使いましょう。

❶ **抵抗に流れる電流，電圧の大きさをそれぞれ I, V などとおく**

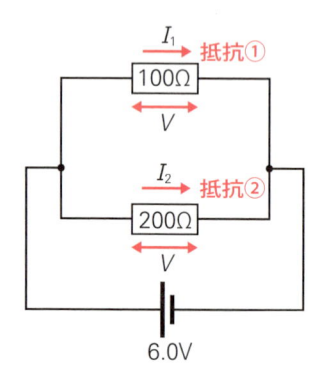

[回路図：抵抗① 100Ω に電流 I_1、電圧 V、抵抗② 200Ω に電流 I_2、電圧 V、電源 6.0V]

同じように，100Ωの抵抗を抵抗①，200Ωの抵抗を抵抗②としました。

今回の回路では，導線が途中で2つに分かれるため，<u>抵抗①と抵抗②に流れる電流が同じとは限りません</u>。そこで，I_1, I_2 と2つの文字を用意しました。

一方**電圧**に関しては，水路モデルで考えると**同じ高さの変化がある**はずなので，同じ文字 V を使いました。

❷ **それぞれの抵抗でオームの法則の式をつくる**

抵抗①： $V = I_1 \times 100$　　…ⓐ
抵抗②： $V = I_2 \times 200$　　…ⓑ

31 直列接続と並列接続

❸ **電源の電圧と，各抵抗にかかる電圧について，水路モデルを意識しながら等式で結ぶ**

水路モデル図からわかるように，**各抵抗にかかる電圧と，電源の電圧の大きさは同じ**です。$6 = V$ となるので，

$$V = 6.0\,\text{V} \quad \cdots \text{ⓒ}$$

ⓒの結果を式ⓐ，ⓑに代入して，それぞれの抵抗に流れる電流を求めると，

$$I_1 = 0.06\,\text{A}, \quad I_2 = 0.03\,\text{A}$$

となります。

抵抗①で消費される電力は $P = I_1 V$ なので，次のようになります。

$$P = 0.06 \times 6 = 0.36\,\text{W}$$

答 (3) 6.0 (4) 0.36

問題 ❸ 2つの抵抗(抵抗値 R_1 と R_2)を，電圧 V の電池と，直列および並列につないだときを考えて，直列接続・並列接続における，合成抵抗の公式を導きなさい。

解説 〈直列接続の場合〉

次の図のように，電流と電圧をおきます。

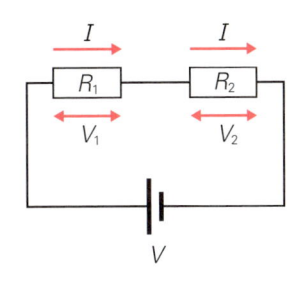

それぞれの抵抗について，**オームの法則の式**をつくると，

抵抗 R_1：$V_1 = I R_1$ $\quad \cdots$ ⓐ
抵抗 R_2：$V_2 = I R_2$ $\quad \cdots$ ⓑ

となります。

練習問題の解説③

次に、水路モデルによる電圧の関係から、

$$V = V_1 + V_2 \quad \cdots ⓒ$$

であることがわかります。ⓐ、ⓑをⓒに代入しましょう。

$$V = IR_1 + IR_2$$
$$V = I(R_1 + R_2) \quad \cdots ⓓ$$

ここで、R_1 と R_2 を1つの抵抗とみなして、合成抵抗を R とします。
すると、合成抵抗 R についてのオームの法則より、

$$V = IR \quad \cdots ⓔ$$

となります。ⓓとⓔを比較すると、

$$V = I\,(R_1 + R_2) \quad \cdots ⓓ$$
$$V = I\quad R \quad \cdots ⓔ$$
$$R = R_1 + R_2$$

となります。これで、**直列接続の場合の合成抵抗の式**を導くことができました。

【答】 **直列接続：$R = R_1 + R_2$**

〈並列接続の場合〉

次の図のように、電流と電圧をおきます。

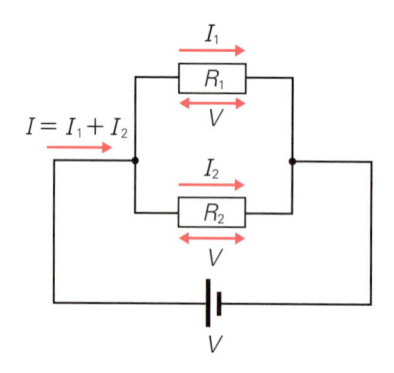

それぞれの抵抗において、**オームの法則の式**をつくると、

$$抵抗 R_1 : V = I_1 R_1 \quad \cdots ⓐ'$$
$$抵抗 R_2 : V = I_2 R_2 \quad \cdots ⓑ'$$

また、全体に流れる電流を I とすると、

$$I = I_1 + I_2 \quad \cdots ⓒ'$$

となります。さらに、ⓐ′、ⓑ′を I を求める式に変形すると、

$$I_1 = \frac{V}{R_1}, \quad I_2 = \frac{V}{R_2}$$

となります。これをⓒ′に代入しましょう。

$$I = \frac{V}{R_1} + \frac{V}{R_2}$$

V で全体をくくると、

$$I = \left(\frac{1}{R_1} + \frac{1}{R_2}\right)V \quad \cdots ⓓ′$$

ここで、R_1 と R_2 を1つの抵抗とみなして、合成抵抗を R とします。
すると、R についてのオームの法則 $V = IR$ より、

$$I = \frac{V}{R} \quad \cdots ⓔ′$$

となります。ⓓ′とⓔ′を比較すると、

$$I = \left(\frac{1}{R_1} + \frac{1}{R_2}\right)V \quad \cdots ⓓ′$$

$$I = \frac{1}{R}V \quad \cdots ⓔ′$$

$$\frac{1}{R} = \frac{1}{R_1} + \frac{1}{R_2}$$

となります。これで、**並列接続の場合の合成抵抗の式**が導かれました。

答 並列接続： $\dfrac{1}{R} = \dfrac{1}{R_1} + \dfrac{1}{R_2}$

問題 ❹ 抵抗値がそれぞれ $R_1 = 4.0\ \Omega$、$R_2 = 6.0\ \Omega$、$R_3 = 3.6\ \Omega$ の抵抗を、右の図のように接続しました。
(1) 全体の合成抵抗を求めなさい。
(2) R_1、R_2、R_3 に流れる電流の大きさをそれぞれ求めなさい。

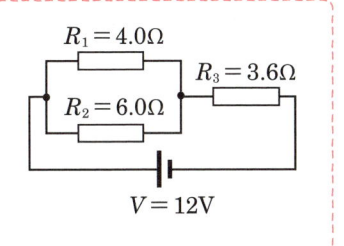

解説 (1) 1つずつ順番に合成抵抗を求めていきましょう。
まずは次ページの図のように、左側の2つの抵抗を**並列接続の場合の合成抵抗の式**を使って合成します。合成抵抗を $R′$ とします。

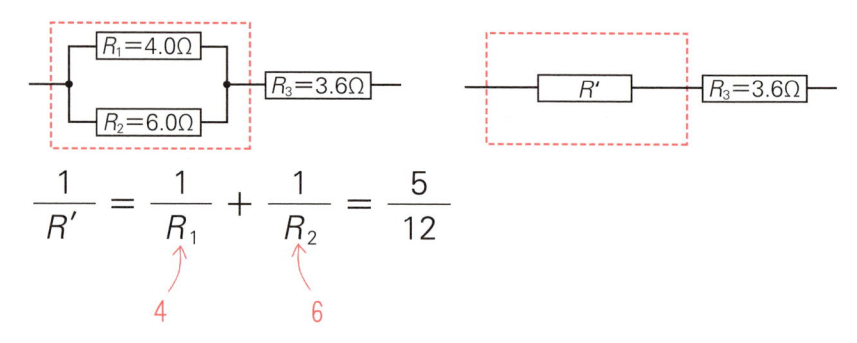

練習問題 の解説④

$$\frac{1}{R'} = \frac{1}{R_1} + \frac{1}{R_2} = \frac{5}{12}$$

↑4　↑6

この式から，

$$R' = \frac{1}{\left(\frac{5}{12}\right)} = 2.4\ \Omega$$

となります。

次に，この R' と R_1 とを合成しましょう。**直列接続の場合の合成抵抗の式**から，

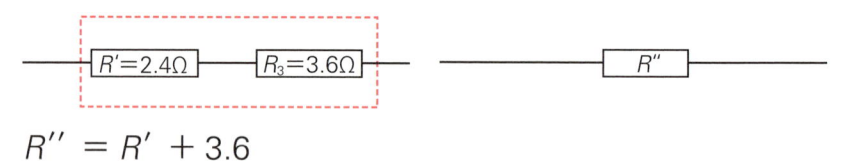

$$R'' = R' + 3.6$$

合成抵抗は $R'' = 2.4 + 3.6 = 6.0\ \Omega$ となります。　答　**6.0 Ω**

(2) 電気回路の3ステップ解法を使いましょう。

❶ 抵抗に流れる電流，電圧の大きさをそれぞれ I, V などとおく

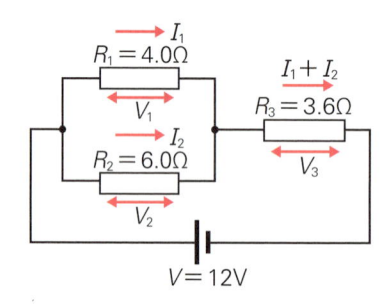

それぞれの抵抗に流れた電流は図のようにおきました。電流 I_1 と I_2 が合流するので，R_3 に流れる電流は $I_1 + I_2$ としました。

❷ それぞれの抵抗でオームの法則の式をつくる

抵抗 R_1：$V_1 = I_1 \times 4$ 　　　…ⓐ

抵抗 R_2：$V_2 = I_2 \times 6$ 　　　…ⓑ

抵抗 R_3：$V_3 = (I_1 + I_2) \times 3.6$ 　…ⓒ

❸ 電源の電圧と，各抵抗にかかる電圧について，水路モデルを意識しながら等式で結ぶ

電源の高さを考えると，

$$12 = V_1 + V_3 \quad \cdots ⓓ$$

また，抵抗 R_1 と抵抗 R_2 は並列接続なので，

$$V_1 = V_2 \quad \cdots ⓔ$$

となります。
これらを解いていきましょう。ⓐ，ⓒをⓓに代入します。

$$12 = 4I_1 + 3.6(I_1 + I_2)$$
$$12 = 7.6I_1 + 3.6I_2 \quad \cdots ①$$

次に，ⓐ，ⓑをⓔに代入します。

$$I_1 \times 4 = I_2 \times 6$$
$$I_1 = 1.5I_2 \quad \cdots ②$$

最後に，②を①に代入して，I_2 について解きましょう。

$$12 = 7.6 \times 1.5I_2 + 3.6I_2$$
$$12 = (11.4 + 3.6)I_2$$
$$I_2 = 0.8 \, \text{A}$$

また I_1 に流れる電流が②なので，

$$I_1 = 1.5 \times 0.8 = 1.2 \, \text{A}$$

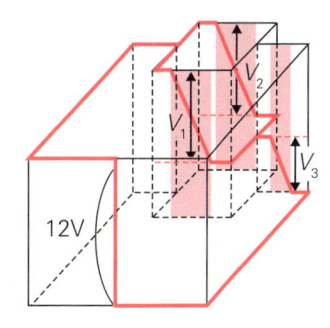

となります。

よって，R_3 に流れる電流は，

$$I_1 + I_2 = 1.2 + 0.8 = 2.0 \, \text{A}$$

答 R_1 に流れる電流：1.2 A
R_2 に流れる電流：0.80 A
R_3 に流れる電流：2.0 A

32 電流と磁場

◎磁極と磁力

棒磁石に砂鉄を近づけると，棒磁石の両端には砂鉄がくっつきます。この砂鉄がたくさんつく場所を磁極といい，磁極のまわりには磁力(磁気力)がはたらきます。

磁極には2つの種類があり，磁石を水平につるしたとき北を向くのがN極，南を向くのがS極です。同じ種類の磁極は反発し，異なる種類の磁極は引き合います。静電気と似ていますが，静電気力と磁力は互いに影響を及ぼしません。

◎磁場

棒磁石のまわりにコンパス(方位磁石)を置くと，コンパスの針が磁力を受けて規則性をもった方向を指します。このような，磁極が磁力を及ぼす空間を磁場(または磁界)といいます。

磁場は大きさと向きをもち，磁石のN極が引きよせられる向きを磁場の向きに決めています。磁場の向きにそって引かれた線を磁力線といい，N極から出てS極に入っていきます。

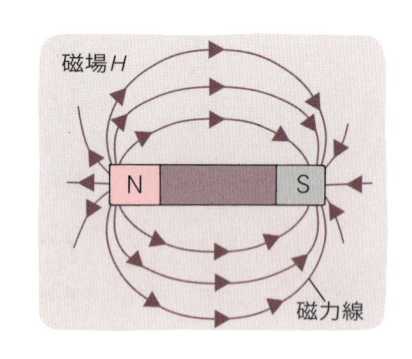

◎電流がつくる磁場

静電気は磁場とは関係ないのですが，実は電荷が動きだして電流になると，なんとそのまわりには磁場ができます。

【直線導線のまわりにできる磁場】…直線導線に電流を流すと，下の左の図のように，導線に巻きつくような磁場が発生します。

下の右の図のように，右手を使ってよく覚えておきましょう。ちょうどねじを巻く向きとねじが進む向きの関係と同じなので，右ねじの法則といいます。

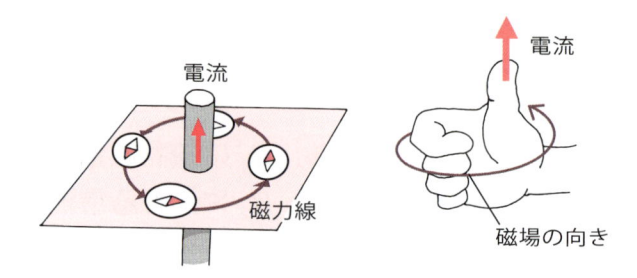

【円形導線に流れる電流と中心磁場】…円形導線に電流を流すと，中心には同じ方向の磁場が集まるので，**大きな磁場**になります。

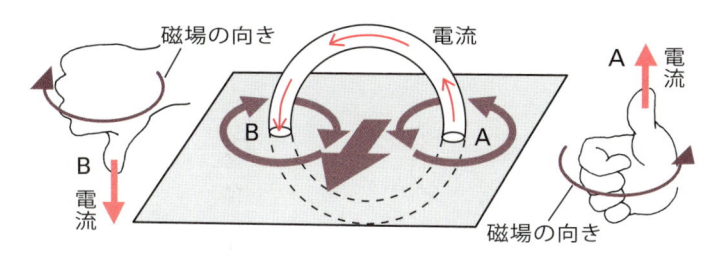

【コイルに流れる電流と磁場の向き】…導線を何回か巻いたものを**コイル**といいます。コイルに電流を流すと，中心には，強い磁場が下の左の図の向きに発生します。これは，円形導線が連なったものとして考えることができます。これが**電磁石**のしくみです。

電流の回転方向に**右手**を出して下の右の図のようにまわすと，**親指の指す向きがコイルに発生する磁場の向きと一致します。**

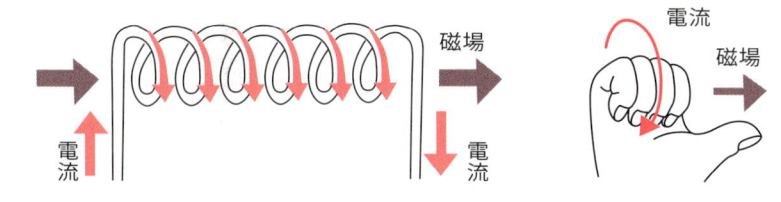

練習問題

問題 ❶ 次のような1巻きのコイルに電流を流しました。コイルの中心付近の磁場の向きは図の a，b どちらの向きですか。

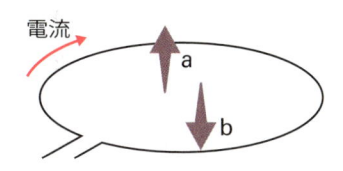

問題 ❷ 次の図のように，矢印の向きに電流 I を流しました。このとき磁石の N 極のようにふるまうのは，A と B のどちらですか。

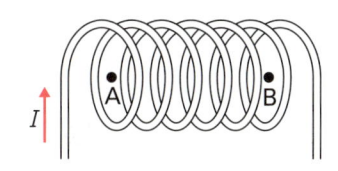

第5章 電気

177

練習問題 の解説

問題 ❶ 次のような1巻きのコイルに電流を流しました。コイルの中心付近の磁場の向きは図のa, bどちらの向きですか。

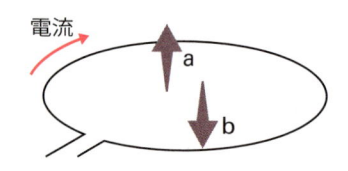

解説 右手の指先が**電流の流れる向き**になるように，右手を回転させましょう。

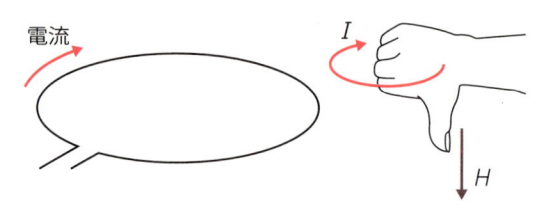

すると，**親指**は下を指します。
これが，**磁場Hの向き**になります。

答 b

32 電流と磁場

問題 ❷ 次の図のように，矢印の向きに電流 I を流しました。このとき磁石の N 極のようにふるまうのは，A と B のどちらですか。

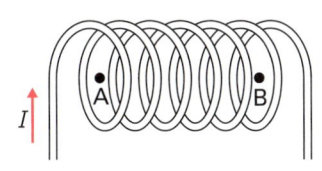

解説 まず，向かって手前の導線に電流の流れる向きをかき込みます。そして**右手の指を電流の回転方向に巻きつけましょう**。

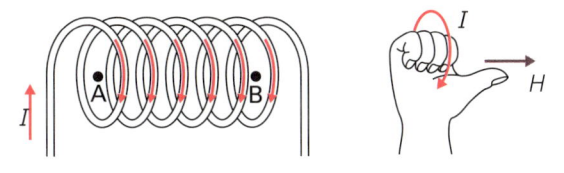

このとき**親指が向いたほうが，コイルから磁場が出てくるほうの磁極，つまり N 極**となります。

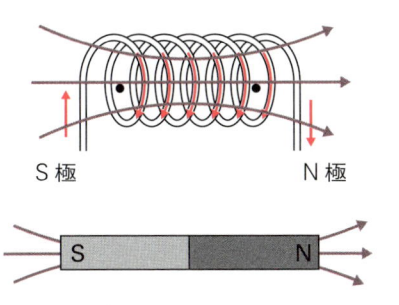

答 B

第5章 電気

33 電流が磁場から受ける力

◎電流が磁場から受ける力

導線をあらかじめ磁場の中におき，導線に電流を流すと，**電流がつくる磁場**と，もともとあった磁場との間で相互作用を起こして，導線は力を受けます。

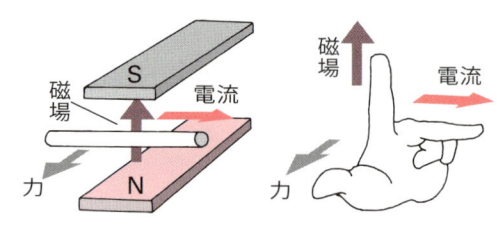

このとき，電流，磁場，そして導線が受ける力の間には，右の図のような関係があります。
左手を出したときの**中指が電流の向き**，**人差し指が磁場の向き**，**親指が力の向き**を示します。これを**フレミングの左手の法則**といいます。

◎向きを表すマーク

紙面をつき抜けるような方向を表すときには，右のような２つのマークがよく使われます。

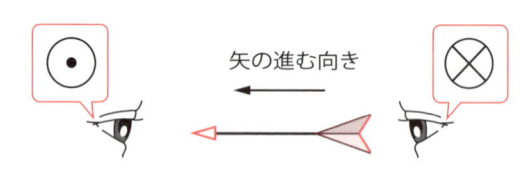

矢の飛んでいるようすを見てください。

○に・のマーク⊙は，矢がこちら側に向かっていることを示します。また，○に×のマーク⊗は，矢がこちら側から遠ざかっていることを示します。

例題 右の図は紙面の表から裏に流れる電流を示したものです。B，D点に方位磁石を置いたときの，N極の向きを記入しなさい。

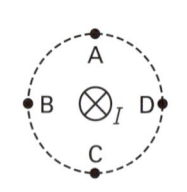

解説 ⊗印は，電流が紙面の表から裏に流れていることを示しています。これを立体的に見ると次のようになります。

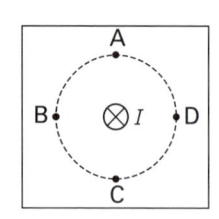

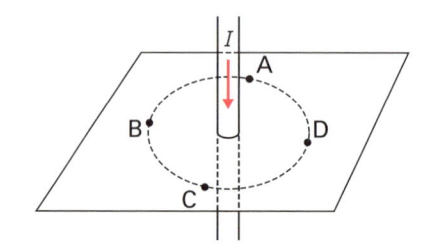

右ねじの法則から，右手を出して次の図のように親指を下に向けると，磁場 H の回転方向は，残りの指の向きで表されます。

よって，この問題では時計回りとなります。

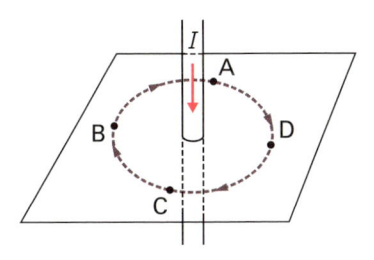

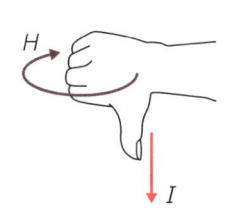

方位磁石の N 極は磁場の向きを指すので，B は上向き，D は下向きが答えです。

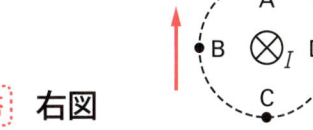

[答] **右図**

練習問題

問題 ❶ 2本の金属レールの上に金属棒 PQ を置き，電池を接続して電流を流しました。次の問いに答えなさい。

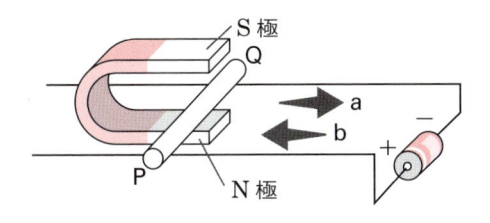

(1) 金属棒は，a，b どちらの向きに動きますか。

(2) 電池のプラスとマイナスを逆にして電流を流すと，金属棒は a，b どちらの向きに動きますか。

問題 ❷ 右の図は，モーターの原理を示しています。図の黒い矢印の向きに電流を流しました。次の問いに答えなさい。

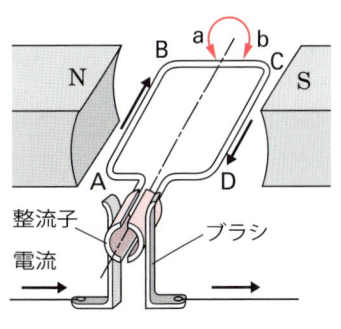

(1) コイルの AB 部分にはたらく力の向きは図の上，下のどちらですか。

(2) コイルの CD 部分にはたらく力の向きは図の上，下のどちらですか。

(3) このとき，コイルが回転する向きは図の a，b のどちらですか。

解答・解説は次のページ

練習問題 の解説

> **問題 ①** 2本の金属レールの上に金属棒 PQ を置き，電池を接続して電流を流しました。次の問いに答えなさい。
>
> (1) 金属棒は a, b どちらの向きに動きますか。
> (2) 電池のプラスとマイナスを逆にして電流を流すと，金属棒は a, b どちらの向きに動きますか。

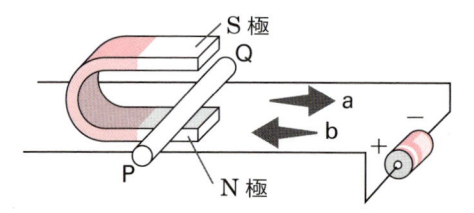

解説 (1) **左手を図のように出して，中指を電流の向き，人差し指を磁場の向きに合わせてみましょう。金属棒は，親指の向いた方向に力を受けます。**

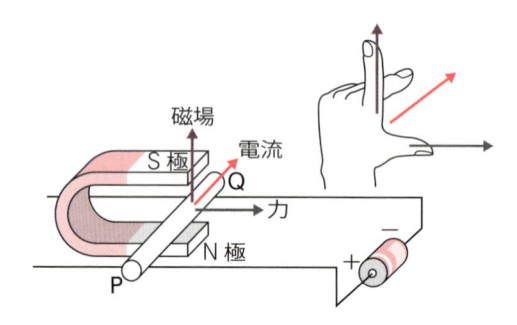

図より，棒は右のほうに動きます。

答 a

(2) 電流の向きが変化したので，**中指**を図のように手前に向けましょう。このとき**親指**は左側を向きます。

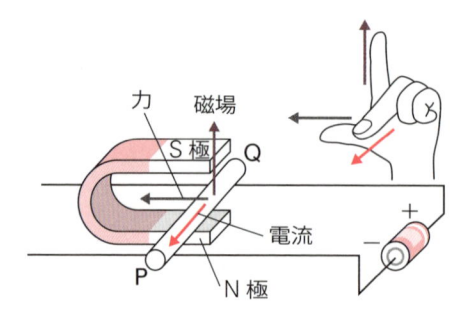

よって，棒は左のほうに動きます。

答 b

182

33 電流が磁場から受ける力

問題 ❷ 右の図は，モーターの原理を示しています。図の黒い矢印の向きに電流を流しました。次の問いに答えなさい。

(1) コイルの AB 部分にはたらく力の向きは図の上，下のどちらですか。
(2) コイルの CD 部分にはたらく力の向きは図の上，下のどちらですか。
(3) このとき，コイルが回転する向きは図の a，b のどちらですか。

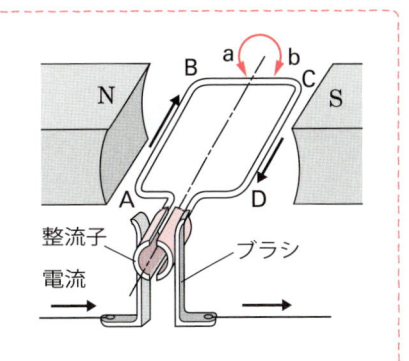

解説 (1), (2), (3)をまとめて考えることにします。

図の中に**電流**と**磁場**の向き（左から右）をかき込むと，**左手の親指が向く方向は**，次のようになります。

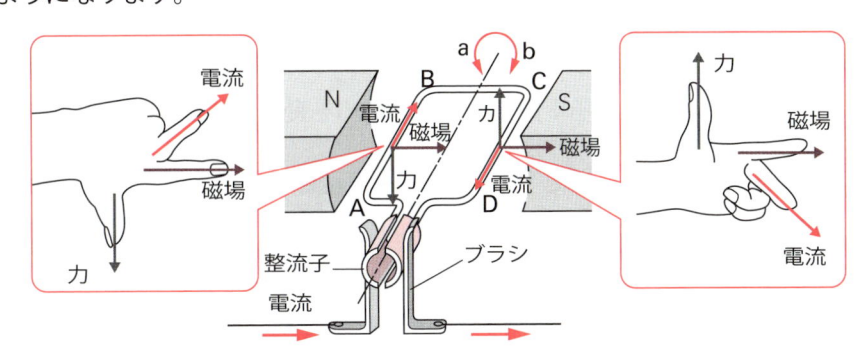

導線 AB については，親指は下を向きます。
導線 CD については，親指は上を向きます。

したがって力は，AB の部分には下向きに，CD の部分には上向きにはたらきます。このことから，図のようにコイルは図の a の向きに回転することがわかります。

答 (1) 下　(2) 上　(3) a

34 電磁誘導① 電磁誘導と発電

◎電磁誘導と発電

コイルの近くで磁石を動かして，コイル内の磁場を変化させると，なんとコイルには電流が流れます。これを**電磁誘導**といいます。

このときコイルに流れた電流を**誘導電流**，コイルに生じた電圧を**誘導電圧**といいます。

◎レンツの法則

コイルは，自身を貫く磁場を一定に保とうとする性質があります。たとえば，コイルにN極を近づけると，下の図1のように電流が流れます。

このとき，**電流のつくる磁場**を考えてみましょう。右手の，親指以外の4本の指を，図のように曲げてみてください。すると，親指は上を向きます。つまり，コイルは上向きの磁場をつくっているとわかります。

このように，**磁石による下向きの磁場の増加を食い止めようとしているのです。**

また，図2のようにN極を遠ざけると，今度は磁石による下向きの磁場が減ってしまいます。**この変化を食い止めようとして，右手の親指を下に向けた方向に電流を流し，下向きの磁場をつくろうとします。**

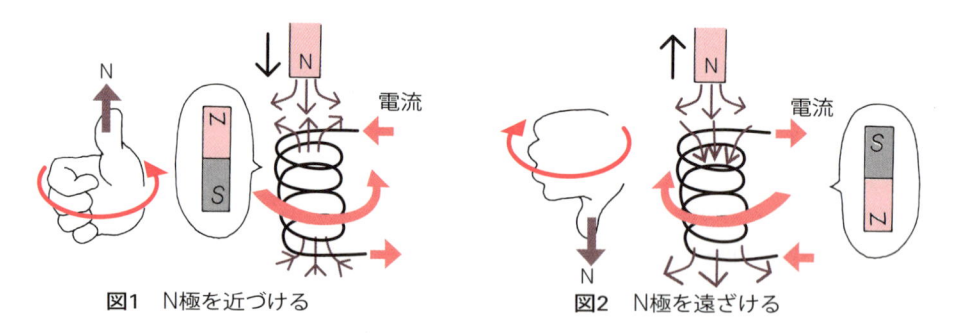

図1　N極を近づける　　図2　N極を遠ざける

このように，**磁場が変化すると，その磁場の変化をさまたげるような磁場をつくる電流が発生します。**このことを，**レンツの法則**といいます。

電磁誘導の応用で，**コイルの近くで磁石を動かして，発電**することができます。

◎直流と交流

一定の向きの電圧を**直流電圧**，一定の向きの電流を**直流電流**といいます。

対して，向きが一定の周期で入れ替わる電圧や電流を，それぞれ**交流電圧**，**交流電流**といいます。

交流は，モーターに電源をつないで回転させる場合とまったく逆に，**磁場の中でコイルに力を加えて，コイルを回転させる**ことによってつくられます。

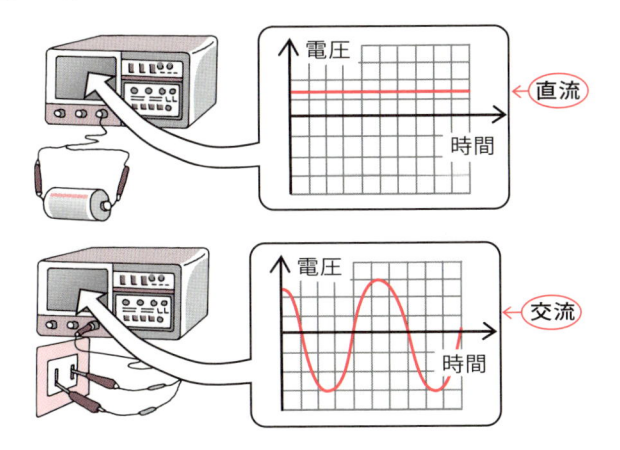

練習問題

問題 ① コイルに磁石を近づけたり遠ざけたりしたところ，誘導電流が流れました。コイルに流れる電流の向きを，それぞれ図の a，b から選びなさい。

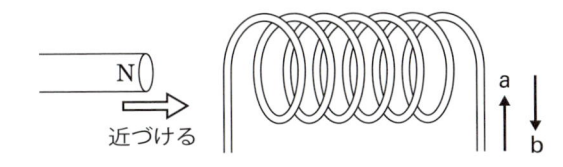

(1) コイルに磁石の N 極を近づけました。このとき，コイルに流れる電流の向きは，どのようになりますか。

(2) コイルから N 極を遠ざけました。このとき，コイルに流れる電流の向きはどのようになりますか。

(3) コイルに磁石の S 極を近づけました。このとき，コイルに流れる電流の向きはどのようになりますか。

問題 ② 磁場中にある図のような回路で，金属棒を右に動かしたところ，回路に電流が流れました。金属棒を流れる電流の向きは，a，b のどちらでしょうか。

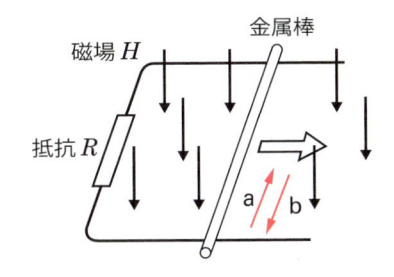

練習問題 の解説

> **問題 ①** コイルに磁石を近づけたり遠ざけたりしたところ，誘導電流が流れました。コイルに流れる電流の向きを，それぞれ図の a, b から選びなさい。 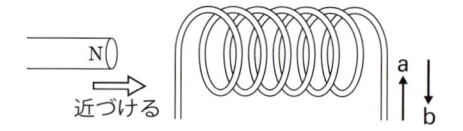
>
> (1) コイルに磁石の N 極を近づけました。このとき，コイルに流れる電流の向きは，どのようになりますか。
> (2) コイルから N 極を遠ざけました。このとき，コイルに流れる電流の向きはどのようになりますか。
> (3) コイルに磁石の S 極を近づけました。このとき，コイルに流れる電流の向きはどのようになりますか。

解説

(1) 磁石の N 極をコイルに近づけると（①），右向きの磁場が増加します。**コイルは磁場のない状態に戻そうとして，左向きの磁場ができるような電流を流します。図のように右手の親指を左に向けてみましょう（②）。**

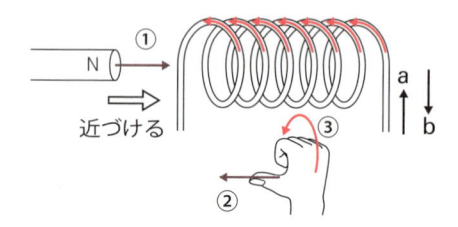

すると，その他の指は（③）のように曲がります。**コイルには，この回転方向に電流が流れます。**

答 a

(2) コイルには右向きの磁場が貫いています。しかし N 極を遠ざけると，今度はコイルを貫く右向きの磁場が減ってしまいます（①）。これもコイルはきらいます。

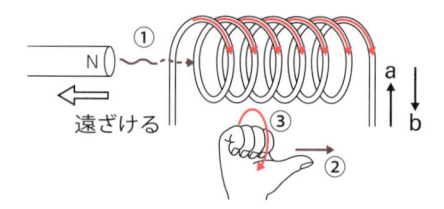

よって，コイルは**右向きの磁場をつくって元の状態に戻そうとします。親指を右に向けてください（②）。**すると③のようにコイルには電流が流れればよいことがわかります。

答 b

186

(3) 磁場は，N極から出てS極に入っていきます。よってS極を近づけると，次の図のようにコイルの中には左向きの磁場が増えていきます(①)。

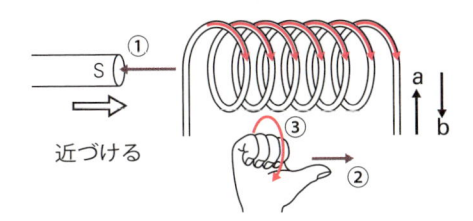

この**磁場の変化を打ち消す**ように，右向きに親指を向けましょう(②)。すると，電流は③の方向に流れればよいことがわかります。

答 b

> **問題 ❷** 磁場中にある図のような回路で，金属棒を右に動かしたところ，回路に電流が流れました。金属棒を流れる電流の向きは，a, b のどちらでしょうか。

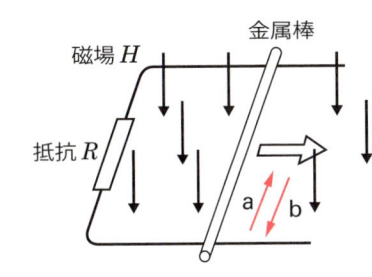

解説 この回路をコイルとみなせば，答えは簡単です。

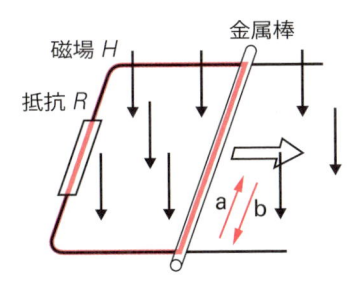

棒を右向きに動かすと，コイルをつらぬく下向きの磁場が増えることになります。よって，下向きの**磁場の変化を打ち消す**ように電流が流れます。

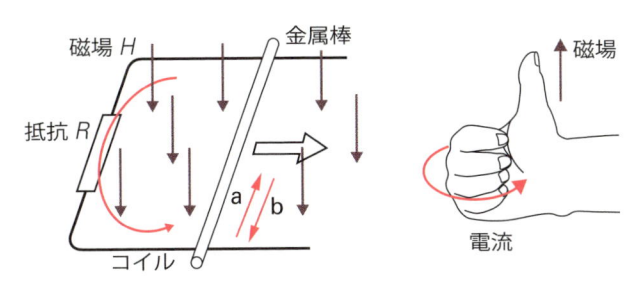

答 a

35 電磁誘導② 交流の変圧と電磁波

◎交流の周波数

交流電流や交流電圧の向きが1秒間に変化する回数のことを周波数といい，波の振動数（p.124）と同じようにヘルツ(Hz)で表します。

◎変圧器

交流電圧の大きさは，次の図のような装置で変化させることができます。

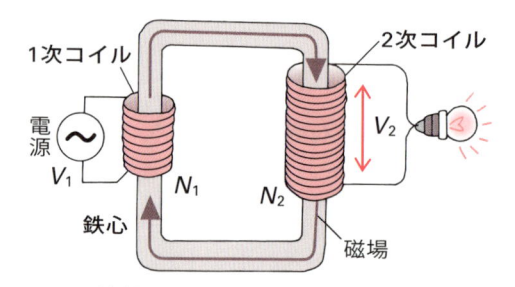

このように，巻数に差をつけたコイルを組み合わせた装置を変圧器といいます。

変圧器の1次コイルに交流電流を流すと，1次コイルの中心に変化する磁場が発生します。この磁場が鉄心内を通って2次コイルに達すると，電磁誘導によって2次コイルに誘導電流が流れて，反対側にある豆電球が光ります。

このときにエネルギーの損失がなければ，2つのコイルの電圧 V_1, V_2 と，2つのコイルの巻数 N_1, N_2 との間には，次の関係があります。

> 変圧器の巻数の式　　$V_1 : V_2 = N_1 : N_2$　　電圧比 ＝ 巻数比

◎整流

交流を直流に変換することを，整流といいます。
半導体などを組み合わせた回路を使うと，交流を直流に整流することができます。

◎電磁波

コイルには，内部の磁場が変化すると，それをさまたげるような電流を発生させるという性質があります。これをレンツの法則といいました。
実は，空間にも同様の性質があります。磁場の変化が起こると，空間には電気的な変化が起こります。さらに，空間の電気的な変化が，磁場の変化を生みだします。

これが繰り返されることで，電気的・磁気的な変化が，空間中を伝わっていきます。このような，電気と磁気がおりなす波を電磁波といいます。光も電磁波の一種です。

◎電磁波の種類

電磁波には，波長によって次のような種類があります。
同じエネルギーの電磁波でも，**波長の短いもののほうが生物に大きな影響を与える**傾向があります。

波長〔m〕	電磁波の呼び方	備考
1.0×10^{-9} 以下	X線，γ線	レントゲン撮影など医療に利用される。
$1.0 \times 10^{-9} \sim 3.8 \times 10^{-7}$	紫外線	蛍光灯や殺菌などに利用されている。
$3.8 \times 10^{-7} \sim 7.7 \times 10^{-7}$	可視光線	人間の目が感じ取ることができる。波長の短い順に，紫＜緑＜赤と並ぶ。
$7.7 \times 10^{-7} \sim 1.0 \times 10^{-4}$	赤外線	テレビのリモコンなどに利用されている。
$1.0 \times 10^{-4} \sim 1.0 \times 10^{5}$	電波	通信や放送に利用されている。

練習問題

問題 ❶ 次の電磁波のうち，波長の最も短いものと最も長いものを答えなさい。

X線，可視光線，赤外線，紫外線

問題 ❷ 次のグラフは，交流の電圧と時間の関係を示しています。

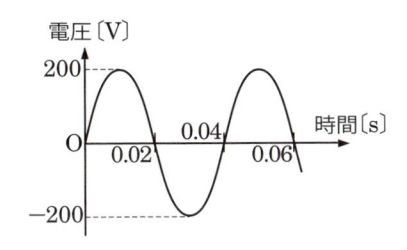

(1) 電圧の最大値は何Vですか。

(2) 周波数は何Hzですか。

(3) この電圧を，次のような装置の1次コイルに加えました。2次コイルの電圧の最大値は何Vですか。

1次コイル 300回巻き　　2次コイル 60回巻き

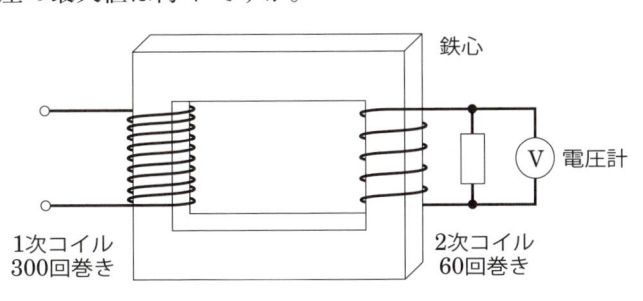

解答・解説は次のページ

練習問題 の解説

> **問題 ❶** 次の電磁波のうち，波長の最も短いものと最も長いものを答えなさい。
> X線，可視光線，赤外線，紫外線

解説 電磁波は波長が短いほうが振動数は大きく，したがって大きなエネルギーを与えることができます。これは，激しく振動しているイメージです。
つまり，一般に**波長が短いほうが危険**であるといえます。

危険な順番に並べてみましょう。

$$X線 < 紫外線 < 可視光線 < 赤外線$$

短い ←――（波長）――→ 長い

答 波長が短いもの：X線
波長が長いもの：赤外線

なお，可視光線の波長は，短いほうから**紫＜緑＜赤**の順番にならんでいます。

波長が短くて目には見えない紫外線は可視光線の**紫よりも外側**にあるので，「紫」・「外」ということで**紫外線**といいます。
また同様に，波長が長くて目に見えない赤外線は**赤の外側**にあり「赤」・「外」ということで**赤外線**といいます。

35 電磁誘導② 交流の変圧と電磁波

問題 ❷ 次のグラフは，交流の電圧と時間の関係を示しています。

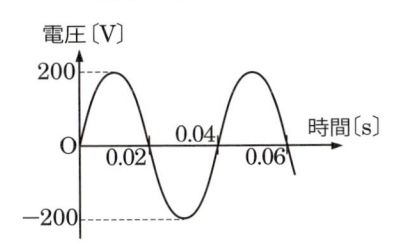

(1) 電圧の最大値は何 V ですか。
(2) 周波数は何 Hz ですか。
(3) この電圧を，次のような装置の1次コイルに加えました。2次コイルの電圧の最大値は何 V ですか。

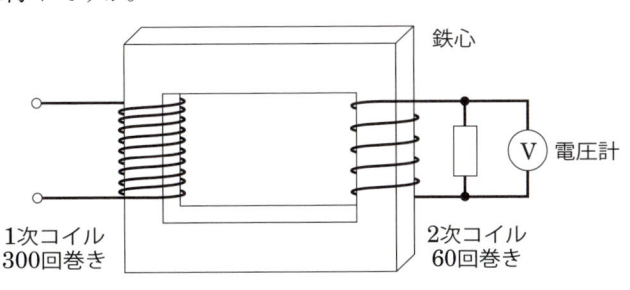

解説 (1) 縦軸が電圧なので，グラフから最大値は 200 V であることがわかります。

答 200 V

(2) 横軸が時間なので，グラフから周期が 0.04 s であることがわかります。
このことを**振動数と周期の式**(p.124)にあてはめると，振動数 f は，

$$f = \frac{1}{T} = \frac{1}{0.04} = 25 \text{ Hz}$$

となります。

答 25 Hz

(3) 巻数の比が 300：60 なので，**変圧器の巻数の式**にあてはめると，

$$200 : V_2 = 300 : 60$$

となります。これを整理すると，$V_2 = 40$ V となります。

答 40 V

36 エネルギーとその利用

◎太陽エネルギー

太陽がもつエネルギーは，光などの**電磁波**として地球に降りそそぎます。地球にやってきた太陽エネルギーはさまざまなエネルギーになり，私たちはそれを利用しています。

たとえば，太陽エネルギーにより**海洋の水が蒸発して，地上に雨となって降ってきます**。この水を**ダム**などにため，その**位置エネルギー**を利用するものが，**水力発電**です。

また，太陽エネルギーをそのまま電気エネルギーに変えるものが，**光電池（太陽電池）**を使った**太陽光発電**です。

◎化石燃料

石油・石炭・天然ガスなどを**化石燃料**といいます。化石燃料のもつ**化学エネルギー**も，昔の生物が取り込んだ太陽エネルギーがその起源だと考えられています。

化石燃料は人間にとって重要なエネルギー源ですが，使用する際に**温室効果ガスが放出される**などの問題があります。

◎同位体

原子は，中心のプラスの電気をもつ**原子核**と，そのまわりをまわる**電子**でできています。

さらに，原子核はプラスの電荷をもつ**陽子**と，電気をもたない**中性子**でできています。

原子の種類は，この**陽子の数によって決まります**。これを**原子番号**といいます。また，**陽子数と中性子数の和**を**質量数**といいます。

ある原子のつくりを表す場合には，その種類を表す**元素記号**と左上に**質量数**，左下に**原子番号**を書きます。たとえば，陽子2個，中性子2個をもつ**ヘリウム**は次のように表されます。

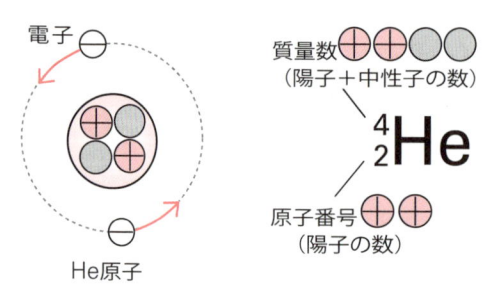

$${}^{4}_{2}\mathrm{He}$$

原子番号は同じで質量数の異なる原子どうし，いいかえると**陽子数が同じで，中性子数が異なる原子**どうしを，**同位体**といいます。

◎放射線とその種類

不安定な状態の原子核は，放射線を出して安定な状態になることがあります。このような変化を放射性崩壊（または壊変）といい，放射線を出す性質を放射能といいます。

原子核の崩壊や，原子核が2つの原子に分かれる核分裂にともなって，莫大な原子力エネルギーが放出されます。このエネルギーを利用したものが原子力発電です。

放射線は，他の物質から電子を弾き飛ばして，イオンをつくる作用（電離作用）をもっています。また物質を通り抜ける性質（透過性）もあります。

原子核から放出される放射線を磁場などに通したとき，その曲がり方にはちがいがあります。このちがいから，α線，β線，γ線の3種類に分類されます。

この3種類の放射線の性質を，下の表にまとめました。

放射線	実体	電気	電離作用	透過性
α線	ヘリウム原子核	＋（電子をもたないため）	大	小
β線	電子	－	中	中
γ線	電磁波	なし	小	大

放射線にはこの他にも，中性子線やX線というものもあります。

放射線に関する単位には，ベクレル，グレイ，シーベルトなどがあります。

　　　ベクレル（記号 Bq）…1秒間に崩壊する原子の数で，放射能の強さを示す。
　　　グレイ（記号 Gy）…物質1kgあたりのエネルギー吸収量で，物質への影響力を示す。
　　　シーベルト（記号 Sv）…人体への影響力を示す。

練習問題

問題 ❶　次の原子の，陽子の数と中性子の数を求めなさい。
　　　(1) $^{14}_{6}C$　　(2) $^{16}_{8}O$　　(3) $^{188}_{84}Po$　　(4) $^{3}_{1}H$

問題 ❷　α線，β線，γ線のいずれかの放射線に対して，帯電体の近くを通したり，磁石の近くを通したりして，実験を行いました。このとき，(1)，(2)のような経路をたどる放射線は，それぞれ3つのうちどれでしょうか。

(1) 帯電体の近くでも影響を受けずに直進する。

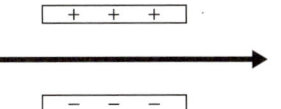

(2) 紙面の裏から表に向かった磁場の中を右向きに通過すると，下向きに曲がる。

解答・解説は次のページ

193

練習問題 の解説

> **問題 ❶** 次の原子の，陽子の数と中性子の数を求めなさい。
> (1) $^{14}_{6}C$　(2) $^{16}_{8}O$　(3) $^{188}_{84}Po$　(4) $^{3}_{1}H$

解説　それぞれのアルファベットは元素記号で，原子の種類を示します。Cは炭素，Oは酸素，Poはポロニウム，Hは水素です。

実は，この問題では，元素記号がわからなくても答えを求めることができます。

文字の左上についているのが質量数（陽子数 ＋ 中性子数），左下についているのが原子番号（陽子数）を示しているのでしたね。

(1)の炭素Cの場合，左下の番号から陽子を6個もっていることがすぐにわかります。また，中性子の数は，左上の番号から陽子の数を引けばよいので，

$$14 - 6 = 8 個$$

となります。

(2)，(3)，(4)についても，中性子の数を同様に計算すると，それぞれ次のようになります。

(2) $16 - 8 = 8$ 個
(3) $188 - 84 = 104$ 個
(4) $3 - 1 = 2$ 個

答　(1) 陽子：6個，中性子：8個
(2) 陽子：8個，中性子：8個
(3) 陽子：84個，中性子：104個
(4) 陽子：1個，中性子：2個

36 エネルギーとその利用

問題 ❷ α線, β線, γ線のいずれかの放射線に対して, 帯電体の近くを通したり, 磁石の近くを通したりして, 実験を行いました。このとき, (1), (2)のような経路をたどる放射線は, それぞれ3つのうちどれでしょうか。

(1) 帯電体の近くでも影響を受けずに直進する。

(2) 紙面の裏から表に向かった磁場の中を右向きに通過すると, 下向きに曲がる。

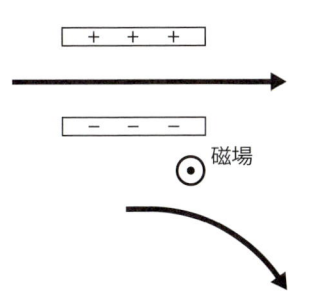

解説 この問題は, それぞれの放射線がどのような電気をもっているのかを問う問題です。

(1)の答えは **γ線**です。γ線は電気をもっていないので, **帯電体の近くを通っても, 力を受けずに直進します**。

同じ場所をα線が通った場合は, α線は**プラスの電気をもっている**ので, 上部の帯電体のプラスの電気に反発し, 下部の帯電体の**マイナスの電気に引かれて下に曲がります**。

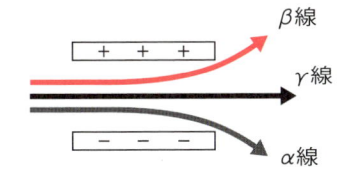

また, β線はその逆で, マイナスの電気をもっているので, **上に曲がります**。

(2)の答えは **α線**です。**フレミングの左手の法則**(p.180)を使って考えてみると, 紙面の裏から表に向かって磁場がある場合は, プラスの電気をもっているα線は**下向きに力を受けて曲がります**。

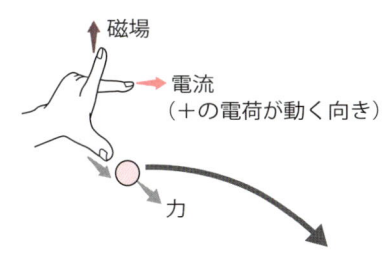

一方, β線は**マイナスの電気をもっているので, 逆に上向きに曲がります**。
また, γ線は電荷を帯びていないので, **直進します**。

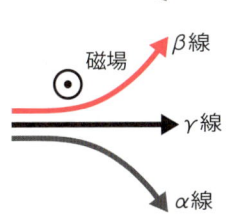

答 (1) γ線
(2) α線

第5章 電気

付録 時間のない式を使った解き方

p.41 の練習問題❶の(2)を，別の方法で解いてみましょう。問題を改めて載せておきます。

> **問題 ❶** 高さ 19.6 m のビルの屋上から，小さな球を鉛直上向きに速さ 14.7 m/s で投げ上げました。重力加速度は 9.8 m/s² とし，空気抵抗は無視できるものとします。次の問いに答えなさい。
>
> (1) 小球が最高点に達するまでの時間は，投げ上げてから何秒後ですか。
> (2) 小球が最高点に達したときの，地面からの高さは何 m ですか。
> (3) 小球が再びビルの屋上を通過するのは，投げ上げてから何秒後ですか。
> (4) 小球が地面に達するまでの時間は，投げ上げてから何秒後ですか。

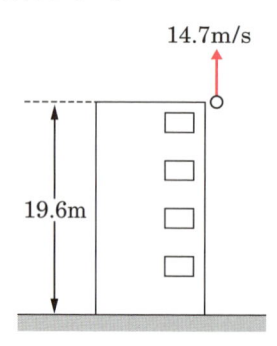

この問題では，(1)で最高点の時間を，(2)で最高点の高さを求めるようになっていますが，もし(2)のみを問われた場合には，**時間のない式**(p.33)を使うと，すぐに答えを求めることができます。

(2) **時間のない式**は，次のような式でした。

$$v^2 - v_0^2 = 2ax$$

この式に $a = -9.8$ m/s², $v_0 = 14.7$ m/s, 最高点のときの速度 $v = 0$ m/s を代入すると，次のようになります。

$$0^2 - 14.7^2 = 2 \cdot (-9.8)x$$

これを x について解くと，**11.025 m** となります。地面からの高さを求めたいので，これにビルの高さ 19.6 m を足して，一の位まで有効数字にとることで答えを求めることができます。

$$11.025 + 19.6 = 30.625 ≒ 31 \text{ m}$$

答 31 m

このように**時間が問われていない場合**には，**時間のない式**を使うと，複雑な計算を回避してすぐに答えにたどり着くことができるので，便利です。

付録 三角関数について

sin（サイン）や cos（コサイン）について復習をしてみましょう。右の図のように直角三角形の斜辺から「C」や「S」を書くと，sin や cos の定義の式で**分子にくる辺の場所**がわかります。

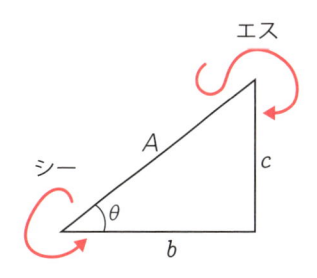

cos，sin は斜辺 A と辺 b，c を使って，

$$\cos\theta = \frac{b}{A} \qquad \sin\theta = \frac{c}{A}$$

と定義されています。この式を辺 b，c について解くと，

$$b = A\cos\theta \qquad c = A\sin\theta$$

となります。このことから，直角三角形の**斜辺の長さ A と角度 θ がわかれば**，その他の 2 つの辺の長さは，sin，cos を使って表すことができます。

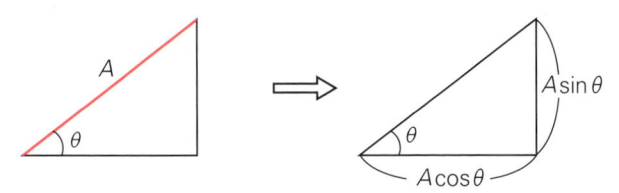

斜辺と θ でつながった辺が**コサイン**，つながっていない辺が**サイン**と覚えましょう。

ほかに，tan（タンジェント）という三角関数があります。tan は，**斜辺以外の 2 辺**を使って，

$$\tan\theta = \frac{c}{b}$$

と定義されています。この式を変形すると，次のような関係がわかります。

$$\tan\theta = \frac{A\sin\theta}{A\cos\theta} = \frac{\sin\theta}{\cos\theta} \quad \cdots ⓐ$$

代表的な角度の sin，cos の値はぜひおぼえておきましょう。ⓐの関係から，tan の値も求まります。

θ	0°	30°	45°	60°	90°
$\sin\theta$	0	$\frac{1}{2}$	$\frac{1}{\sqrt{2}}$	$\frac{\sqrt{3}}{2}$	1
$\cos\theta$	1	$\frac{\sqrt{3}}{2}$	$\frac{1}{\sqrt{2}}$	$\frac{1}{2}$	0

$\sqrt{2}$ と $\sqrt{3}$ の値（近似値）も覚えておくとよいでしょう。

$$\sqrt{2} = 1.41 \text{（ひとよひと）} \qquad \sqrt{3} = 1.73 \text{（ひとなみ）}$$

付録 糸の法則

ピンと張った軽い糸の両端の**張力**は，糸がどんな運動をしていてもほぼ同じになります（p.70）。なぜでしょうか。

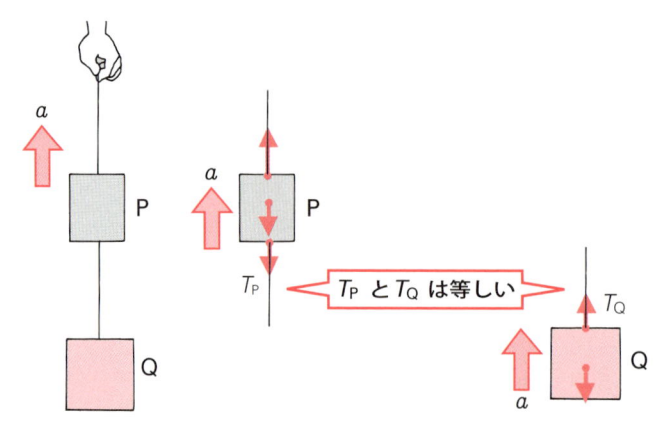

これは，**糸についての運動方程式**をつくることでわかります。

まず，糸にはたらく力を考えます。すると，右の図のようになります。

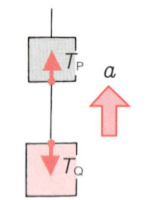

作用・反作用の法則を考えると，上向きの張力は T_P と同じ大きさ，下向きの張力は T_Q と同じ大きさということがわかりますね。

また，糸は軽いため，糸にはたらく重力は 0 としてかいていません。

たとえば，糸が上向きに加速度 a で加速しているとして，**糸について運動方程式**をつくると，

$$ma = 残った力$$
$$\uparrow$$
$$T_P - T_Q$$

となります。

このように糸が上向きに加速するためには，T_P と T_Q は同じ大きさであってはいけません。T_P のほうが T_Q に比べて大きくなる必要があります。

しかし，糸が非常に軽いものだとすると，左辺の m を 0 にしてもよいことになります。すると，

$$0 \times a = T_P - T_Q$$
$$T_P = T_Q$$

となります。

よって，たとえ加速しているとしても，どんな運動をしていても，**糸の両端にはたらく力は同じになる**と考えるわけです。

付録　水圧の公式の導き方

水の密度を $\rho_水$〔kg/m³〕とします。水深 h〔m〕にある，**面積1m²の平面**を考えてみましょう。この1m²の面を押す力が，その深さの水圧(p.78)になります。

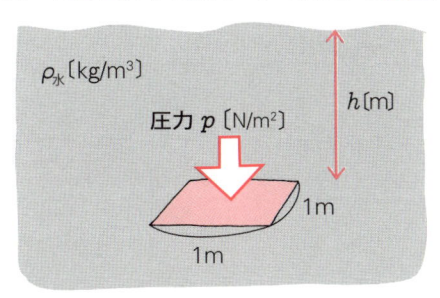

この平面が押されるのは，この平面の上に水がのっているからです。
よって，下の図のように体積 $V(=1\times1\times h)$ の箱を考えて，**板の上にのっている水の重さ** $W(=mg)$ を求めてみます。

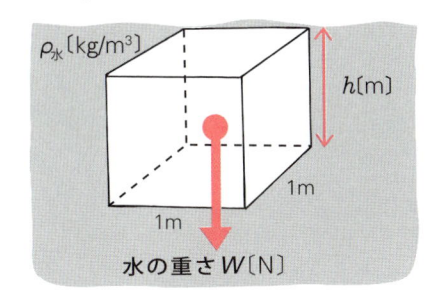

$$水の重さ\ W = mg$$

ここで，密度の式 $\rho_水 = \dfrac{m}{V}$ を m について整理すると，

$$m = \rho_水 V$$

となります。
これを，上の式に代入します。

$$W = \rho_水 V g$$

体積 $V = 1\times1\times h$ なので，

$$p_水 = \rho_水(1\times1\times h)g = \rho_水 h g$$

となります。**これが水の重さによる水圧の大きさです。**
実際には，水面には大気圧 p_0 もはたらいているので，大気圧の大きさも足しておきましょう。すると，水圧 p は，

$$p = \rho_水 h g + p_0$$

となります。

付録　浮力の公式の導き方

浮力(p.78)の公式を導いてみましょう。

水の密度を $\rho_水$ 〔kg/m³〕とします。**1辺が a〔m〕の立方体**を水深 h〔m〕の場所に沈めて，この物体にはたらく浮力を考えていきます。

上面を A，下面を B とし，それぞれの面にはたらく力を考えます。A 面に加わる力 F_A は，水圧の公式を使うと，

$$F_A = pS = \rho_水(a^2h)g + p_0 a^2$$

となります。

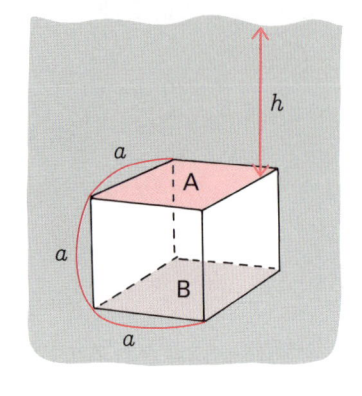

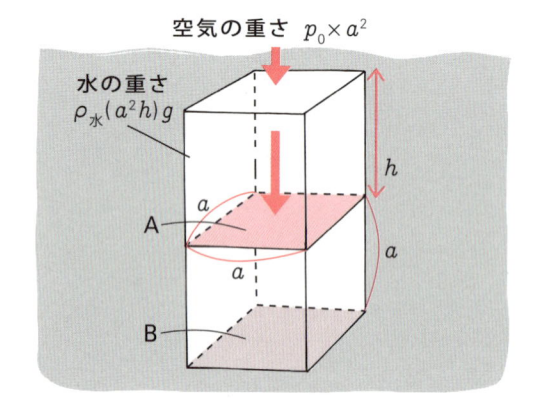

同様に，**下面 B にはたらく力** F_B は，次のようになります。

$$F_B = \rho_水 a^2(h+a)g + p_0 a^2$$

B 面のほうが深いぶん，右の図のように上向きのほうに力が残るはずです。これが**浮力**です。

それでは，2 つの力を合成して浮力 F を求めてみましょう。

$$\begin{aligned}F &= F_B - F_A \\ &= \{\rho_水 a^2(h+a)g + p_0 a^2\} - (\rho_水 a^2 hg + p_0 a^2) \\ &= \rho_水 a^3 g\end{aligned}$$

ここで，a^3 は**物体の体積 $V_{物体}$（縦 a × 横 a × 高さ a）にあたる**ので，$V_{物体}$ におきかえることができます。

よって浮力は，

$$F = \rho_水 V_{物体} g$$

と表すことができます。

付録 重要定数表

◎重要物理定数・物理量

物理量	記号	数値	単位
標準重力加速度	g	9.80665	m/s^2
水の密度(15℃, 1気圧)	$\rho_水$	999.10	kg/m^3
標準大気圧	p_0	1.01325×10^5	Pa
絶対零度		-273.15	℃
水の比熱(15℃, 1気圧)		4.19	J/(g・K)
空気中の音速(0℃)	V	331.45	m/s
真空中の光速	c	2.9979246×10^8	m/s
電気素量	e	$1.6021766 \times 10^{-19}$	C
電子の質量	m_e	$9.1093829 \times 10^{-31}$	kg
陽子の質量	m_p	$1.6726218 \times 10^{-27}$	kg
中性子の質量	m_n	$1.6749274 \times 10^{-27}$	kg

◎平方・平方根

n^2	n	$\sqrt{n}$	n^2	n	$\sqrt{n}$	n^2	n	$\sqrt{n}$
1	1	$1 = 1.0000$	256	16	$4 = 4.0000$	961	31	$\sqrt{31} = 5.5678$
4	2	$\sqrt{2} = 1.4142$	289	17	$\sqrt{17} = 4.1231$	1024	32	$4\sqrt{2} = 5.6569$
9	3	$\sqrt{3} = 1.7321$	324	18	$3\sqrt{2} = 4.2426$	1089	33	$\sqrt{33} = 5.7446$
16	4	$2 = 2.0000$	361	19	$\sqrt{19} = 4.3589$	1156	34	$\sqrt{34} = 5.8310$
25	5	$\sqrt{5} = 2.2361$	400	20	$2\sqrt{5} = 4.4721$	1225	35	$\sqrt{35} = 5.9161$
36	6	$\sqrt{6} = 2.4495$	441	21	$\sqrt{21} = 4.5826$	1296	36	$6 = 6.0000$
49	7	$\sqrt{7} = 2.6458$	484	22	$\sqrt{22} = 4.6904$	1369	37	$\sqrt{37} = 6.0828$
64	8	$2\sqrt{2} = 2.8284$	529	23	$\sqrt{23} = 4.7958$	1444	38	$\sqrt{38} = 6.1644$
81	9	$3 = 3.0000$	576	24	$2\sqrt{6} = 4.8990$	1521	39	$\sqrt{39} = 6.2450$
100	10	$\sqrt{10} = 3.1623$	625	25	$5 = 5.0000$	1600	40	$2\sqrt{10} = 6.3246$
121	11	$\sqrt{11} = 3.3166$	676	26	$\sqrt{26} = 5.0990$	1681	41	$\sqrt{41} = 6.4031$
144	12	$2\sqrt{3} = 3.4641$	729	27	$3\sqrt{3} = 5.1962$	1764	42	$\sqrt{42} = 6.4807$
169	13	$\sqrt{13} = 3.6056$	784	28	$2\sqrt{7} = 5.2915$	1849	43	$\sqrt{43} = 6.5574$
196	14	$\sqrt{14} = 3.7417$	841	29	$\sqrt{29} = 5.3852$	1936	44	$2\sqrt{11} = 6.6332$
225	15	$\sqrt{15} = 3.8730$	900	30	$\sqrt{30} = 5.4772$	2025	45	$3\sqrt{5} = 6.7082$

付録 国際単位系(SI)の単位など

◎基本単位

量	単位名	記号	定義
長さ	メートル	m	$\frac{1}{299792458}$ 秒の間に光が真空中を伝わる距離。
質量	キログラム	kg	国際キログラムの原器の質量。
時間	秒	s	セシウム133の原子の基底状態における2つの微細準位間の遷移に対応する放射の9192631770周期の継続時間。
温度	ケルビン	K	水の三重点の温度の $\frac{1}{273.16}$ 。
電流	アンペア	A	真空中に,断面積が無視できる円形断面の,無限に長い直線状導体を1mの間隔で平行に置き,それぞれに等しい大きさの電流を流したとき,導体の長さ1mごとに 2×10^{-7} N の力がはたらく場合の電流の大きさ。
物質量	モル	mol	12gの ^{12}C に含まれる原子と等しい数の単位粒子(原子,分子,イオン,電子,その他)を含む系の物質量。
光度	カンデラ	cd	周波数 540×10^{12} Hz の単色放射を放出し,所定の方向の放射強度が $\frac{1}{683}$ W/sr である光源のその方向における光度。

◎組立単位

量	単位名	記号	単位の間の関係
速度 速さ	メートル毎秒	m/s	
加速度	メートル毎秒毎秒	m/s^2	
振動数	ヘルツ	Hz	1 Hz = 1/s
力	ニュートン	N	1 N = 1 kg·m/s^2
仕事	ジュール	J	1 J = 1 N·m
仕事率	ワット	W	1 W = 1 J/s
圧力	パスカル	Pa	1 Pa = 1 N/m^2
	気圧*	atm	1 atm = 760 mmHg ≒ 1.013×10^5 Pa
熱量	ジュール	J	
	カロリー*	cal	1 cal ≒ 4.19 J
電気量	クーロン	C	1 C = 1 A·s
電圧	ボルト	V	1 V = 1 J/C
電力	ワット	W	1 W = 1 V·A = 1 J/s
電力量	ジュール	J	1 J = 1 W·s
	ワット時*	Wh	1 Wh = 1 W·h = 3600 J
電気抵抗	オーム	Ω	1 Ω = 1 V/A
抵抗率	オームメートル	Ω·m	

＊印の単位は国際単位系に含まれない

◎単位の 10^n を表す接頭語

名称	記号	大きさ
ヨ タ	yotta	Y	10^{24}
ゼ タ	zetta	Z	10^{21}
エクサ	exa	E	10^{18}
ペ タ	peta	P	10^{15}
テ ラ	tera	T	10^{12}
ギ ガ	giga	G	10^{9}
メ ガ	mega	M	10^{6}
キ ロ	kilo	k	10^{3}
ヘクト	hecto	h	10^{2}
デ カ	deca	da	10
デ シ	deci	d	10^{-1}
センチ	centi	c	10^{-2}
ミ リ	milli	m	10^{-3}
マイクロ	micro	μ	10^{-6}
ナ ノ	nano	n	10^{-9}
ピ コ	pico	p	10^{-12}
フェムト	femto	f	10^{-15}
ア ト	atto	a	10^{-18}
ゼプト	zepto	z	10^{-21}
ヨクト	yocto	y	10^{-24}

◎ギリシア文字

大文字	小文字	読み方	大文字	小文字	読み方
A	α	アルファ	N	ν	ニュー
B	β	ベータ	Ξ	ξ	グザイ
Γ	γ	ガンマ	O	o	オミクロン
Δ	δ	デルタ	Π	π	パイ
E	ε	イプシロン	P	ρ	ロー
Z	ζ	ゼータ	Σ	σ	シグマ
H	η	イータ	T	τ	タウ
Θ	θ	シータ	Υ	υ	ウプシロン
I	ι	イオタ	Φ	ϕ, φ	ファイ
K	κ	カッパ	X	χ	カイ
Λ	λ	ラムダ	Ψ	ψ	プサイ
M	μ	ミュー	Ω	ω	オメガ

読み方は，最も発音しやすいと思われるものを示した

おもな公式

第1章 物体の運動

速度 ⇒p.4

$$v = \frac{x}{t}$$

加速度 ⇒p.12

$$a = \frac{\Delta v}{\Delta t}$$

等加速度直線運動 ⇒p.32〜33

速度：$v = at + v_0$

位置：$x = \frac{1}{2}at^2 + v_0 t$

時間のない式：$v^2 - v_0{}^2 = 2ax$

第2章 力と運動

運動方程式 ⇒p.46

$$ma = F$$

重力 ⇒p.50

$$W = mg$$

ばねの力 ⇒p.51

$$F = kx$$

最大摩擦力 ⇒p.74

$$f_{max} = \mu N$$

動摩擦力 ⇒p.75

$$f' = \mu' N$$

圧力 ⇒p.78

$$p = \frac{F}{S}$$

密度 ⇒p.78

$$\rho = \frac{m}{V}$$

気圧と水圧 ⇒p.78

$$p_水 = \rho_水 hg + p_0$$

浮力 ⇒p.78

$$F = \rho_水 V_{物体} g$$

第3章 エネルギー

仕事 ⇒p.90

$$W = Fx$$

仕事率 ⇒p.91

$$P = \frac{W}{t}$$

運動エネルギー ⇒p.94

$$E = \frac{1}{2}mv^2$$

位置エネルギー ⇒p.94

$$E = mgh$$

弾性エネルギー ⇒p.95

$$E = \frac{1}{2}kx^2$$

絶対温度 ⇒p.116

$$T = t + 273$$

熱量 ⇒p.116

$$Q = mc\Delta T$$

熱力学第一法則 ⇒p.120

$$Q = \Delta U + W$$

気体のする仕事 ⇒p.120

$$W = p\Delta V$$

熱効率 ⇒p.121

$$e = \frac{W}{Q} \times 100$$

第4章 波 動

振動数と周期 ⇒p.124

$$f = \frac{1}{T}$$

波の式 ⇒p.125

$$v = f\lambda$$

音の速さ ⇒p.144

$$V = 331.5 + 0.6t$$

うなりの回数 ⇒p.144

1秒間に聞くうなりの回数
$$= |f_1 - f_2|$$

弦の振動数 ⇒p.145

基本振動 : $f = \dfrac{v}{2L}$

2倍振動 : $f = \dfrac{v}{L}$

3倍振動 : $f = \dfrac{3v}{2L}$

開管の共鳴の振動数 ⇒p.148

基本振動 : $f = \dfrac{V}{2L}$

2倍振動 : $f = \dfrac{V}{L}$

3倍振動 : $f = \dfrac{3V}{2L}$

閉管の共鳴の振動数 ⇒p.148

基本振動 : $f = \dfrac{V}{4L}$

3倍振動 : $f = \dfrac{3V}{4L}$

5倍振動 : $f = \dfrac{5V}{4L}$

第5章 電 気

電流の大きさ ⇒p.159

$$I = \frac{q}{t}$$

オームの法則 ⇒p.162

$$V = IR$$

抵 抗 ⇒p.163

$$R = \rho\frac{L}{S}$$

ジュール熱と電力量 ⇒p.163

$$Q = W = IVt$$

電 力 ⇒p.163

$$P = IV$$

合成抵抗 ⇒p.166

直列接続 : $R = R_1 + R_2$

並列接続 : $\dfrac{1}{R} = \dfrac{1}{R_1} + \dfrac{1}{R_2}$

変圧器の巻数 ⇒p.188

$$V_1 : V_2 = N_1 : N_2$$

さくいん

あ

- 圧力 …………………………… 78
- アルキメデスの原理 ……… 79
- α線 …………………………… 193
- 位相 …………………………… 131
- 位置エネルギー …………… 94
- 糸の法則 …………………… 198
- うなり ……………………… 144
- 運動エネルギー …………… 94
- 運動方程式 ………………… 46
- S極 …………………………… 176
- X線 …………………… 189,193
- N極 …………………………… 176
- エネルギーの保存 ………… 98
- 鉛直投げ上げ …………… 36,40
- 鉛直投げ下ろし …………… 36
- オームの法則 …………… 162
- 音の3要素 ………………… 144
- 重さ …………………………… 50

か

- 開管 ………………………… 148
- 開口端補正 ………………… 149
- 壊変 ………………………… 193
- 外力 …………………………… 98
- 可逆変化 ………………… 121
- 重ね合わせの原理 ……… 136
- 可視光線 ………………… 189
- 化石燃料 ………………… 192
- 加速度 ……………………… 12
- 傾き ……………………………… 9
- γ線 …………………… 189,193
- 気圧 …………………………… 78
- 気柱 ………………………… 148
- 基本振動 ………………… 145
- 基本単位 ………………… 5,202
- 逆位相 ……………………… 131

き

- 共振 ………………………… 148
- 共鳴 ………………………… 148
- 距離 …………………………… 4
- クーロン ………………… 158
- 組立単位 ………………… 5,202
- グレイ ……………………… 193
- ケルビン ………………… 116
- 弦 …………………………… 144
- 原子核 …………………… 158,192
- 原子番号 ………………… 192
- 原子力エネルギー ……… 193
- コイル …………………… 177
- 合成速度 …………………… 28
- 合成抵抗 ………………… 166
- 合成波 …………………… 136
- 光電池 …………………… 192
- 交流 ……………………… 184
- 固定端反射 ……………… 136

さ

- 最大静止摩擦力 ………… 74
- 最大摩擦力 ……………… 74
- 作用 ……………………… 51
- 作用点 …………………… 46
- 作用・反作用の法則 …… 51
- 三角関数 ……………… 63,197
- シーベルト ……………… 193
- 磁界 ……………………… 176
- 紫外線 …………………… 189
- 時間 ……………………………… 4
- 時間のない式 ………… 33,196
- 時間の変化量 …………… 12
- 磁極 ……………………… 176
- 磁気力 …………………… 176
- 仕事 ……………………… 90
- 仕事率 …………………… 91
- 質量数 …………………… 192
- 磁場 ……………………… 176
- 斜面上の運動 …………… 66
- 周期 ……………………… 124

し

- 自由端反射 ……………… 136
- 周波数 …………………… 188
- 自由落下 ………………… 36
- 重力 …………………… 36,50
- 重力加速度 ……………… 36
- ジュール ………………… 90
- ジュール熱 ……………… 163
- 瞬間の速度 ……………… 12
- 蒸発 ……………………… 117
- 初期位置 …………………… 6
- 初速度 …………………… 16
- 磁力 ……………………… 176
- 磁力線 …………………… 176
- 振動数 …………………… 124
- 振幅 ……………………… 124
- 水圧 …………………… 78,199
- 垂直抗力 ………………… 50
- 静止摩擦係数 …………… 74
- 静止摩擦力 ……………… 74
- 整流 ……………………… 188
- 赤外線 …………………… 189
- 絶対温度 ………………… 116
- セルシウス温度 ………… 116
- 潜熱 ……………………… 117
- 線密度 …………………… 145
- 疎 ………………………… 131
- 相対速度 ………………… 28
- 速度 ……………………… 4,8
- 速度の合成 ……………… 28
- 速度の変化量 …………… 12

た

- 大気圧 …………………… 78
- 帯電 ……………………… 158
- 太陽エネルギー ………… 192
- 太陽電池 ………………… 192
- 縦波 ……………………… 131
- 単位 …………………… 5,24,202
- 弾性 ……………………… 50
- 弾性エネルギー ………… 95

弾性力 …………………… 50,51	な	浮力 …………………… 78,200
力の3要素 ………………… 46	内部エネルギー …………… 120	触れてはたらく力 ………… 50
力の種類 …………………… 50	2物体の運動 ……………… 70	フレミングの左手の法則 … 180
力のつり合い ……………… 47	入射波 ……………………… 136	閉管 ………………………… 148
力の分解 …………………… 62	ニュートン ………………… 46	平均の速度 ………………… 12
力の見つけ方 ……………… 54	音色 ………………………… 144	並列接続 …………………… 166
中性子 ……………………… 192	熱 …………………………… 116	β線 ………………………… 193
中性子線 …………………… 193	熱運動 ……………………… 116	ベクトル ……………………… 8
超音波 ……………………… 144	熱機関 ……………………… 120	ベクレル …………………… 193
張力 …………………… 50,198	熱効率 ……………………… 121	ヘルツ ……………………… 125
直流 ………………………… 184	熱平衡 ……………………… 116	変圧器 ……………………… 188
直列接続 …………………… 166	熱膨張 ……………………… 120	放射性崩壊 ………………… 193
つり合い …………………… 47	熱容量 ……………………… 116	放射線 ……………………… 193
抵抗 ………………………… 162	熱力学第一法則 …………… 120	
抵抗率 ……………………… 163	熱量 ………………………… 116	ま
定常波 ……………………… 140	熱量の保存 ………………… 117	摩擦力 ………………… 74,98
電気素量 …………………… 158		右ねじの法則 ……………… 176
電気量 ……………………… 158	は	密 …………………………… 131
電子 …………………… 158,192	倍振動 ……………………… 145	密度 ………………………… 78
電磁石 ……………………… 177	箔検電器 …………………… 158	
電磁波 ……………………… 189	波源 ………………………… 130	や
電磁誘導 …………………… 184	波長 ………………………… 124	融解 ………………………… 117
電波 ………………………… 189	発電 …………………… 184,192	有効数字 …………………… 24
電離作用 …………………… 193	ばね定数 …………………… 51	融点 ………………………… 117
電流が磁場から受ける力 … 180	ばねの力 ………………… 50,51	誘導電圧 …………………… 184
電流がつくる磁場 ………… 176	速さ ………………………… 4,8	誘導電流 …………………… 184
電流の大きさの式 ………… 159	腹 …………………………… 140	陽子 ………………………… 192
電力 ………………………… 163	反作用 ……………………… 51	横波 ………………………… 130
電力量 ……………………… 163	反射 ………………………… 136	
同位相 ……………………… 131	反射波 ……………………… 136	ら
同位体 ……………………… 192	半導体 ……………………… 162	落下運動 …………………… 36
透過性 ……………………… 193	p-V図 ………………………… 120	力学的エネルギー ………… 95
等加速度直線運動 ………… 13	比熱 ………………………… 116	力学的エネルギーの保存 … 98
等加速度直線運動の3公式 … 32	v-tグラフ ………………… 12	累乗 ………………………… 24
等速度運動 ………………… 12	不可逆変化 ………………… 121	レンツの法則 ……………… 184
導体 ………………………… 162	節 …………………………… 140	
動摩擦係数 ………………… 75	フックの法則 ……………… 50	わ
動摩擦力 …………………… 74	物質の三態 ………………… 117	ワット ……………………… 91
遠くからはたらく力 ……… 50	沸点 ………………………… 117	ワット時 …………………… 163
	不導体 ……………………… 162	

著者紹介

桑子　研　KUWAKO Ken

東京学芸大学卒業，筑波大学大学院修了。共立女子中学高等学校にて物理教師として勤務。「物理からぶつりへ」を合言葉に，物理の楽しさを伝えている。

『きめる！センター物理基礎』（学研），『大人のための高校物理復習帳』（講談社）など著書多数。著者ホームページ「科学のネタ帳」では，物理基礎の動画授業などを配信している。

科学のネタ帳：http://phys-edu.net/

図版	藤立　育弘
イラスト	よしのぶ　もとこ
本文レイアウト	FACTORY

シグマベスト
高校やさしくわかりやすい　物理基礎

本書の内容を無断で複写（コピー）・複製・転載することは，著作者および出版社の権利の侵害となり，著作権法違反となりますので，転載等を希望される場合は前もって小社あて許諾を求めてください。

© 桑子研　2015　　　Printed in Japan

著　者	桑子研
発行者	益井英郎
印刷所	株式会社加藤文明社
発行所	株式会社文英堂

〒601-8121　京都市南区上鳥羽大物町28
〒162-0832　東京都新宿区岩戸町17
（代表）03-3269-4231

●落丁・乱丁はおとりかえします。